A Concise Course in College Physics Experiments

大学物理实验简明教程

主　编　王　剑
副主编　贺　兵　郭云东
罗小成　周丽萍

PHYSICS

图书在版编目(CIP)数据

大学物理实验简明教程／王剑主编；贺兵等副主编．-- 武汉：武汉大学出版社，2025.1．-- ISBN 978-7-307-24653-9

Ⅰ．O4-33

中国国家版本馆CIP数据核字第2024G0X347号

责任编辑：杨晓露　　责任校对：汪欣怡　　版式设计：马　佳

出版发行：武汉大学出版社　（430072　武昌　珞珈山）

（电子邮箱：cbs22@whu.edu.cn 网址：www.wdp.com.cn）

印刷：武汉中科兴业印务有限公司

开本：787×1092　1/16　印张：9.25　字数：204千字　插页：1

版次：2025年1月第1版　　2025年1月第1次印刷

ISBN 978-7-307-24653-9　　定价：49.00元

前　言

物理学是研究物质的基本结构、基本运动形式、相互作用及其转化规律的学科。它本身以及它与各个自然学科、工程技术部门的相互作用对人类文明和科学技术的发展起着引领和推动的作用。作为人类追求真理、探索未知世界的工具，物理学是一种哲学观和方法论，它深刻影响着人类对自然的基本认识、人类的思维方式和社会活动，在人的科学素质培养中具有重要的地位。

物理学本质上是一门实验科学。物理实验体现了多数科学实验的共性，在实验思想、实验方法以及实验手段等方面是各学科科学实验的基础。

物理实验课是高等院校对学生进行科学实验基本训练的必修基础课程，它的教学内容、教学方法和教学模式具有鲜明的时代性和社会性。

近 10 年来，各高校以培养适应社会发展需要的高素质人才为核心，在物理实验课的课程体系、教学内容、教学方法等方面进行了卓有成效的教学研究和教学改革，一批教育理念、教学思想先进，教学内容、教学方法新颖，反映科研新成果的优秀教材脱颖而出。本实验教程是在物理与电子信息工程学院多年大学物理实验教学的基础上，结合各学科特点综合精选编写而成的。

本实验教程结构合理、完整，体系新颖，内容丰富。教程根据各专业、各层次学生的需要合理地将力学、热学、电磁学、光学实验有机组合，重点训练学生的基础物理实验思想、物理实验方法。教程中对实验的概念阐述清楚、简洁，可操作性强。

教程注重对学生实验方法的训练和用不确定度处理实验数据的方法的学习，并结合计算机通用软件进行了阐述，思路先进，适应性强。此外，还引入了虚拟仿真平台及设计性实验。

特别感谢谢建波、黄平、王志强、张新龙、朱玉平、李世红、兰华 7 位老师在编写过程中付出的辛勤劳动，全教程的插图和统编由薛世华老师完成，何熙起、张川简老师对教程做了认真的校对。由于时间仓促，教程中难免有疏漏之处，衷心希望读者批评指正。

编者

2024 年 6 月 15 日

目　录

绪　论

一、物理实验课的地位、作用和教学任务

物理学本质上是一门实验科学。无论是物理规律的发现，还是物理理论的验证，都离不开物理实验。例如，赫兹的电磁波实验使麦克斯韦电磁场理论获得普遍承认；杨氏干涉实验使光的波动学说得以确立；卢瑟福的 α 粒子散射实验揭开了原子的秘密；近代高能粒子对撞实验使人们深入物质的最深层——原子核和基本粒子的内部——来探索其规律性等。可以说，没有物理实验，就没有物理学本身。

物理实验是科学实验的先驱，体现了大多数科学实验的共性，在实验思想、实验方法以及实验手段等方面是各学科科学实验的基础。

物理实验课是高等理工科院校对学生进行科学实验基本训练的必修基础课，是本科生接受系统实验方法和实验技能训练的开端。物理实验的知识、方法和技能是学生进行后续实践训练的基础，也是毕业后从事各项科学实践和工程实践的基础。物理实验课覆盖广，具有丰富的实验思想、方法和手段，同时能提供综合性很强的基本实验技能训练，是培养学生科学实验能力、提高科学素养的重要基础课程。它在培养学生严谨的治学态度、活跃的创新意识、理论联系实际和适应科技发展的综合应用能力等方面具有其他实践类课程不可替代的作用。

物理实验课的具体任务是：

(1)培养学生的基本科学实验技能，提高学生的科学实验基本素质，使学生初步掌握实验科学的思想和方法。

(2)培养学生的科学思维和创新意识，使学生掌握实验研究的基本方法，提高学生分析问题、解决问题的能力和创新的能力。

(3)提高学生的科学素养，培养学生理论联系实际和实事求是的科学作风，认真严谨的科学态度，积极主动的探索精神，遵守纪律、团结协作和爱护公共财产的优良品德。

对学生科学实验能力培养的基本要求包括：

(1)独立学习的能力：能够自行阅读与钻研实验教材和资料，必要时自行查阅相关文献资料，掌握实验原理及方法，做好实验前的准备。

(2)独立进行实验操作的能力：能够借助教材或仪器说明书，正确使用常用仪器及辅助设备，独立完成实验内容，逐步形成自主实验的基本能力。

(3)分析和研究的能力：能够融合实验原理、设计思想、实验方法及相关的理论知识对实验结果进行分析、判断、归纳和综合，通过实验掌握对物理现象和物理规律进行研究的基本方法，具有初步的分析和研究的能力。

(4)书写表达能力：掌握科学与工程实践中普遍使用的数据处理与分析方法，建立误差与不确定度的概念，正确记录和处理实验数据，绘制曲线，分析说明实验结果，撰写合格的实验报告，逐步培养科学技术报告和科学论文的写作能力。

(5)理论联系实际的能力：能够在实验中发现问题、分析问题并学习解决问题的科学方法，逐步提高综合运用所学知识和技能解决实际问题的能力。

(6)创新与实验设计的能力：能够完成符合规范要求的设计性、综合性实验，能进行初步的具有研究性或创意性内容的实验，逐步培养创新能力。

二、物理实验课的三个基本环节

1. 实验前的预习

课前认真预习，通过阅读实验教材和有关的参考资料，弄清实验的目的、原理、所要使用的仪器和测量方法，了解实验的主要步骤及注意事项等。在此基础上写出预习报告，预习报告应简明扼要地写出：①实验名称；②实验任务；③测量公式(包括公式中各物理量的含义和单位)；④原理图、线路图或光路图；⑤关键实验步骤(提纲性的)等内容，并单独用一张实验报告纸设计好原始实验数据记录表格。

2. 实验操作

做实验不是简单地测量几个数据，计算出结果就行，也不能把这一重要实践过程看成只动手不动脑的机械操作。通过实验的实践，要有意识地培养自己使用和调节仪器的本领、精密正确的测量技能、善于观察和分析实验现象的科学素养、整洁清楚地做实验记录(包括实验中发现的问题、观察到的现象、原始测量数据等)的良好习惯，并逐步培养自己设计实验的能力。在实验过程中不仅要动手进行操作和测量，还必须积极地动脑思考，珍惜独立操作的机会。记录实验数据时不能使用铅笔。实验完毕，数据应交教师审查签字，在将仪器、凳子归整好以后，才能离开实验室。

此外，在实验过程中要遵守操作规范，注意安全。

3. 实验报告

实验报告是实验工作的最后环节，是整个实验工作的重要组成部分。通过撰写实验报告，可以锻炼学生科学技术报告的写作能力和总结工作的能力，这是未来从事任何工作都需要的能力，实验报告要用实验报告纸书写(具体样例见附录1)，要求如下：

(1)原理：用自己的语言，简明扼要地写出实验原理(实验的理论依据)和测量方法要点，说明实验中必须满足的条件，写出数据处理时必须用的一些主要公式，标明公式中的物理量的意义(不要推导公式)，画出必要的实验原理示意图、测量电路图或光路图，简明扼要地写出实验步骤。

(2)仪器：写出主要仪器的名称、规格及编号。

(3)数据和数据处理：首先，根据要研究的问题设计好实验数据表格，在表格中列出全部原始测量数据，表格必须有标题。其次，按被测量最佳估计的计算、被测量的不确定度计算和被测量的结果表示的顺序，正确计算和表示测量结果。一般要按先写公式，再代入数据，最后得出结果的程序进行每一步的运算。要求作图的，应按作图规则用坐标纸画出，图必须有图题。

(4)分析讨论：必要时对实验中观察到的现象、实验结果进行具体分析和讨论，回答教师指定的问题。

(5)结论：一定要将结论写清楚，不要将其湮没在处理数据的过程中。

三、物理实验规则

(1)在整个实验过程中要注意安全，树立“安全第一”的观念。

(2)课前应做好预习，实验时态度认真严肃，注意保持实验室安静。

(3)实验时，如缺少仪器、用具、材料等，应向指导老师或实验人员提出。

(4)爱护仪器设备，如有损坏、丢失，应立即报告教师。由于粗心大意或违反操作规程而损坏仪器者，除应按规定赔偿，严重者还应作出书面检讨。

(5)凡使用电源的实验，必须经过教师检查线路并同意后，才能接通电源。

(6)做完实验，测量数据要交教师审查签字。离开实验室前，应将仪器整理还原，桌面收拾整洁，凳子摆放整齐。

(7)实验报告连同教师签字的原始数据应在做实验后规定的时间内一起交给任课教师。

测量误差与实验数据处理基础知识

一、测量与测量误差

1. 测量

用实验的方法找出物理量量值的过程叫测量。量值是指用数和适宜的单位表示的量，例如，1.5m，17.5℃，3.5kg 等。按测量方法来分类，可将测量分为直接测量和间接测量。

直接测量：凡使用量仪或量具直接测得(读出)被测量数值的测量，叫直接测量，如用米尺测量长度，用温度计测量温度，用秒表测量时间以及用电表测量电流和电压等。

间接测量：很多物理量，没有直接测量的仪器，常常需要根据一些物理原理、公式，由直接测量量计算出所要求的物理量，这种用间接的方法得到被测量数值的测量，称为间接测量。如测量钢球的密度时，由直接测量测出钢球的直径 D 和质量 m，然后根据公式

$$\rho = \frac{m}{\frac{\pi}{6}D^3} \tag{0-1}$$

计算得出密度 ρ。

2. 测量的误差

测量结果都具有误差，误差自始至终存在于一切科学实验和测量的过程之中。任何测量仪器、测量方法、测量环境、测量者的观察力等都不可能做到绝对严密，这就使测量不可避免地伴随误差。因此，分析测量可能产生的各种误差，尽可能地消除其影响，并对测量结果中未能消除的误差作出估计，就是物理实验和许多科学实验中必不可少的工作。

下面来了解一下误差的概念。测量误差就是测量结果与被测量的真值(或约定真值)的差值。测量误差的大小反映了测量结果的准确度，测量误差可以用绝对误差表示，也可以用相对误差表示。

$$\text{绝对误差}=\text{测量结果}-\text{被测量的真值} \tag{0-2}$$

$$相对误差=\frac{测量的绝对误差}{被测量的真值}\times 100\% \tag{0-3}$$

被测量的真值是一个理想概念，一般来说真值是不知道的，因而在实际测量中常用被测量的实际值或修正过的算术平均值来代替真值，称为约定真值。由于真值一般为未知值，所以一般情况下是不能计算误差的，只有在少数情况下可以用准确度足够高的实际值来作为量的约定真值，这时才能计算误差。

二、误差的分类及其简要处理方法

测量中的误差主要分为两类：系统误差和随机误差。两类误差的性质不同，处理方法也不同。

1. 系统误差

系统误差是指在每次测量中都具有一定大小、一定符号，或按一定规律变化的测量误差分量。它来源于：仪器构造上的不完善；仪器未经过很好的校准；测量时外部条件改变；测量者固有的习惯和测量所依据的理论的近似；测量方法和测量技术不完善；等等。系统误差的减少和消除是个复杂的问题，只有很好地分析了整个实验所依据的原理、方法和测量过程中的每一步以及所用的各种仪器，进而找出产生误差的各种原因，才有可能设法在测量结果中消除或减少它的影响。尽管如此，在某些可能的情况下也存在一些消除系统误差(固定的和变化的)的方法。

1)对测量结果引入修正值

这通常包括两方面的内容：一是对仪器或仪表引入修正值，这可通过与准确级别高的仪器或仪表作比较而获得；二是根据理论分析，导出补正公式。例如，精密称衡的空气浮力补正，量热学实验中的热量补正等。

2)选择适当的测量方法

选择适当测量方法的目的是使系统误差能够被抵消，从而不将其带入测量结果。其常用的方法如下：

对换法：就是将测量中的某些条件(例如：被测物的位置)相互交换，使产生系统误差的原因对测量的结果起相反的作用，从而抵消系统误差。如用滑线电桥测量电阻时把被测电阻与标准电阻交换位置进行测量的方法，在天平使用中的复秤法等。

补偿法：如量热实验中采用加冰降温的方法使系统的初温低于室温以补偿升温时的散热损失，又如用电阻应变片测量磁致伸缩时的热补偿等。

替代法：即在一定的条件下，用某一已知量替换被测量以达到消除系统误差目的的方法。例如，用电桥精确测量电阻时，为了消除仪器误差对测量结果的影响，就可以采用替代法，不过这里要求“指零”仪器应有较高的灵敏度。

半周期偶数测量法：按正弦曲线变化的周期性系统误差(如测角仪的偏心差)可用半周期偶数测量法予以消除。这种误差在0°、180°、360°处为零，而在任何差半个周期的两个对应点处误差的绝对值相等而符号相反，因此，若每次都在相差半个周期处测两个值，并以平均值作为测量结果就可以消除这种系统误差。在测角仪器(如分光仪、量糖计等)上广泛使用此种方法。

2. 随机误差

随机误差是在对同一被测量在重复性条件下进行多次测量的过程中，绝对值与符号以不同预知的方式变化的测量误差的分量。这里，重复性条件包括：相同的测量顺序、相同的观测者、在相同的条件下使用相同的测量仪器、相同地点、在短时间内重复测量等。

随机误差是由实验中各因素的微小变动引起的。例如实验装置和测量机构在各次测量调整操作上的变动性，测量仪器指示数值上的变动性，以及观测者本人在判断和估计读数上的变动性，等等。这些因素的共同影响就使测量值围绕着测量的平均值发生涨落变化，这种变化量就是各次测量的随机误差。

随机误差的出现，就某一次测量值来说是没有规律的，其大小和方向都是不可预知的，但对于一个量进行足够多次的测量，就会发现随机误差是按一定的统计规律分布的。常见的一种情况是：正方向误差和负方向误差出现的次数大体相等，数值较小的误差出现的次数较多，很大的误差在没有错误的情况下通常不出现。这一规律在测量次数越多时表现得越明显，这就是被称为正态分布律的一种分布规律，在数理统计中对它有充分的研究。

对测量中的随机误差如何处理？随机误差具有以下的分布特性：

(1)在多次测量时，正负随机误差大致可以抵消，因而用多次测量的算术平均值表示测量结果可以减小随机误差的影响。

(2)测量值的分散程度直接体现随机误差的大小，测量值越分散，测量的随机误差就越大。因此，必须对测量的随机误差作出估计才能表示出测量的精密度。

对测量中的随机误差作估计的方法有多种。科学实验中常用标准偏差来估计测量的随机误差。例如，对某一物理量在重复性条件下进行了 K 次测量，设已消除了测量的系统误差，K 个测量值是 X_1，X_2，…，X_K，那么，它们的算术平均值是

$$\bar{X} = \frac{\sum_{i=1}^{K} X_i}{K} \quad i = 1,\ 2,\ \cdots,\ K \tag{0-4}$$

可以证明，测量值的算术平均值最接近被测量的真值。根据最小二乘法原理，一列等精度测量的最佳估计值是能使各次测量值与该值之差的平方和为最小的那个值。设被测量的真值的最佳估计值为 x，可写出差值平方和如下：

$$f(x) = \sum_{i=1}^{K} (X_i - x)^2 \tag{0-5}$$

令 $\frac{\mathrm{d}f(x)}{\mathrm{d}x} = 0$，求极值

$$\frac{\mathrm{d}f(x)}{\mathrm{d}x}=-2\sum_{i=1}^{K}(X_i-x)=0 \tag{0-6}$$

则

$$x=\frac{\sum_{i=1}^{K}X_i}{K}=\bar{X} \tag{0-7}$$

因此，可以用算术平均值表示测量结果。每一次测量值 X_i 与平均值 $\bar{X}$ 之差叫作残差，即

$$\Delta X_i=X_i-\bar{X},\quad i=1,\ 2,\ \cdots,\ K \tag{0-8}$$

显然，这些残差有正有负，有大有小。

测量值 X_i 的分散性可用实验标准偏差 s 来表征，s 用下面的贝塞尔公式来计算：

$$s=\sqrt{\frac{\sum_{i=1}^{K}(\Delta X_i)^2}{K-1}}=\sqrt{\frac{\sum_{i=1}^{K}(X_i-\bar{X})^2}{K-1}} \tag{0-9}$$

s 的值直接体现了随机误差的分布特征。s 值小就表示测量值很密集，即测量的精密度高；s 值大就表示测量值很分散，即测量的精密度低。

三、直接测量结果的表示

根据国家计量技术规范，参考国际标准化组织(ISO)联合7个国际组织于1993年发布的《测量不确定度表示指南》，物理实验教学采用一种简化的、具有一定近似性的不确定度评定方法，其要点如下：

(1) 测量结果应给出被测量的量值 $\bar{X}$，并标出扩展不确定度 U，写为

$$X=(\bar{X}\pm U) \tag{0-10}$$

它表示被测量的真值在区间($\bar{X}-U$，$\bar{X}+U$)内的可能性(概率，或称置信概率)约等于或大于95%。注意式(0-10)中的括号不可省略。实验教学中，扩展不确定度也简称为不确定度。

(2) U 分为两类分量：A类分量 U_A 用统计学方法计算；B类分量 U_B 用非统计学方法评定；两类分量用平方和根法合成为总不确定度 U，即

$$U=\sqrt{U_A^2+U_B^2} \tag{0-11}$$

(3) U_A 由实验标准偏差 s 乘以因子 $\frac{t}{\sqrt{K}}$ 求得，即 $U_A=\left(\frac{t}{\sqrt{K}}\right)s$，式中 s 是用贝塞尔公式(0-9)计算出的标准偏差，测量次数 K 确定后，因子 $\frac{t}{\sqrt{K}}$ 可由表0-1查出。表0-1中 P 为置

信概率，多数实验中有 $5<K<10$，因子 $\frac{t}{\sqrt{K}}\approx 1$，则有 $U_A\approx s$。

(4) 在大多数直接测量中，U_B 近似取量具或仪器仪表的误差限 $\Delta_{仪}$。教学中的仪器误差限一般简单地取计量器具的允许误差限(或示值误差限，或基本误差限)，有时也由实验室根据具体情况近似给出。

在物理实验教学中，一般可用下式计算 U

$$U=\sqrt{\left(\frac{t}{K}\right)^2 s^2+\Delta_{仪}^2} \tag{0-12}$$

如果因为 s 显著小于 $\frac{1}{2}\Delta y_{仪}$，或因估计出 U_A 对实验最后结果的不确定度影响甚小，或因条件限制而只进行了一次测量时，U 可简单地用仪器的误差限 $\Delta_{仪}$ 来表示。当实验中只进行了一次测量时，根据实验条件，可由实验室给出 U 的近似值。

表 0-1　$P=0.95$ 时的因子 $\left(\frac{t}{\sqrt{K}}\right)$ 表

测量次数 K	2	3	4	5	6	7	8	9	10	15	20	$K\to\infty$
$\frac{t}{\sqrt{K}}$ 的值	8.98	2.48	1.59	1.24	1.05	0.93	0.84	0.77	0.72	0.55	0.47	$\frac{1.96}{\sqrt{K}}$
$\frac{t}{\sqrt{K}}$ 的近似值	9.0	2.5	1.6	1.2	$6\leqslant K\leqslant 10$，$P>0.94$ 时 取 $\frac{t}{\sqrt{K}}\approx 1$					$K>10$，$P\approx 0.95$ 时 取 $\frac{t}{\sqrt{K}}\approx\frac{2}{\sqrt{K}}$		

四、间接测量结果的表示和不确定度的合成

在很多实验中进行的测量是间接测量。间接测量的结果是由直接测量的结果根据一定的数学公式计算出来的。这样一来，直接测量结果的不确定度就必然影响间接测量结果，这种影响的大小可以由相应的数学公式计算出来。

设直接测量量分别为 x，y，z，…，它们都是互相独立的量，其最佳估计值分别为 $\bar{x}$，$\bar{y}$，$\bar{z}$，…，相应的总不确定度分别为 U_x，U_y，U_z，…。间接测量量为 φ，φ 与各直接测量量之间的关系可以用函数形式(或称测量式)表示

$$\varphi=F(x, y, z, \cdots) \tag{0-13}$$

间接测量量 φ 的最佳估计值 $\varphi_{最佳}$ 可由将直接测量的最佳估计值代入函数关系式 (0-13) 得到

$$\varphi_{最佳}=F(\bar{x}, \bar{y}, \bar{z}, \cdots) \tag{0-14}$$

φ 值也有相应的不确定度 U_φ。由于不确定度都是微小的量，相当于数学中的“增量”，因此讲解测量的不确定度的计算公式与数学中的全微分公式基本相同，区别在于要用不确定度 U_x 等替代微分 $\mathrm{d}x$ 等，要考虑不确定度合成的统计性质。

在物理实验教学中，可以用以下公式来简化计算间接测量量的不确定度 U_φ：

$$U_\varphi = \sqrt{\left(\frac{\partial F}{\partial x}\right)^2 U_x^2 + \left(\frac{\partial F}{\partial y}\right)^2 U_y^2 + \left(\frac{\partial F}{\partial z}\right)^2 U_z^2 + \cdots} \tag{0-15}$$

$$\frac{U_\varphi}{\varphi} = \sqrt{\left(\frac{\partial \ln F}{\partial x}\right)^2 U_x^2 + \left(\frac{\partial \ln F}{\partial y}\right)^2 U_y^2 + \left(\frac{\partial \ln F}{\partial z}\right)^2 U_z^2 + \cdots} \tag{0-16}$$

其中，式(0-15)适用于和差形式的函数及一般函数的计算，是间接测量量总不确定度传递公式。式(0-16)适用于积商形式的函数，是间接测量量的相对不确定度的合成(传递)公式。

应当注意，测量结果不确定度不要与测量误差混淆。不确定度表征的是被测量真值所处的量值范围的评定，或者是由于测量误差的存在而对被测量值不能肯定的程度。

五、实验数据的有效位数

在实验中所测的被测量的数值都是含有误差的，对这些数值不能任意取舍，应反映出测量值的准确度。例如，用 300mm 长的毫米分度钢尺测量某物体的长度，正确的读法是除了确切地读出钢尺上有刻度线的位数，还应估计一位，即读到 1/10mm。比如测出某物长度是 123.5mm，这表明 123 是确切数字，而最后的“5”是估计数字，前面的 3 位是准确数字，后面 1 位是存疑数字。又如，测出某铜环的体积为 $V \pm U_V = (16.63 \pm 0.20)\,\mathrm{cm}^3$，这表明 16.63 的前 2 位是准确数字，后 2 位是存疑数字。准确数字和 1～2 位存疑数字的全体称为有效数字。

1. 有效位数的概念

对没有小数位且以若干个零结尾的数值，从非零数字最左一位向右数得到的位数减去无效零(即仅为定位用零)的个数，就是有效位数；对其他十进位数，从非零数字最左一位向右数而得到的位数，就是有效位数。

2. 有效位数的确定规则

实验数据的有效位数的确定是实验数据处理中的一个重要问题。下面通过读数、运算和结果表示 3 个环节来讨论有效位数的确定。

1)原始数据有效位数的确定

通过仪表、量具读取原始数据时，一定要充分反映计量器具的准确度，通常要把计量器具所能读出或估出的位数全部读出来。

游标类量具，如游标卡尺、带游标的千分尺、分光仪角度游标读盘等，一般应读到游标读数值的整数倍。

数显仪表及有十进步进式表度盘的仪表，如电阻箱、电桥等，一般应直接读取仪表的示值。

指针式仪表一般估读到最小分度值的1/10~1/4，或估读到基本误差限的1/5~1/3。

2）中间运算结果有效位数的确定

通过运算得到的数据的有效位数的确定原则是：可靠数字与可靠数字的运算结果为可靠数字，存疑数字与可靠数字或存疑数字与存疑数字的运算结果为存疑数字，但进位为可靠数字。

下面给出的有效位数的确定规则是根据误差理论总结出来的，它们能够近似地确定运算结果的有效位数。

加减运算：以参与运算的末尾数量级最高的数为准，和、差都比该数末尾多取一位。

乘除运算：以参与运算的有效位数最少的数为准，积、商都比该数多取一位。

函数值的有效位数：设 x 的有效位数已经确定，取函数（乘方、开方、三角函数、对数等）时应如何确定其有效位数呢？一般来说可以改变 x 末尾一个单位，通过函数的误差传递公式计算出函数值的误差，然后根据测量结果与不确定度的末尾数字要对齐的原则来决定函数值的有效位数。

【例1】 已知 $x = 56.7$，$y = \ln x$，求 y。

【解】 因 x 的有误差位是在十分位上，所以取 $\Delta x = 0.1$，利用 $\Delta y = \sqrt{\left(\frac{\partial y}{\partial x}\right)^2 \Delta x^2}$ 估计 y 的误差位。$\Delta y = \frac{\Delta x}{x} = \frac{0.1}{56.7} \approx 0.002$，说明 y 的误差位在千分位上，故

$$y = \ln 56.7 = 4.038$$

【例2】 已知 $x = 9°24'$，$y = \cos x$，求 y。

【解】 取 $\Delta x \approx 1' \approx 0.00029$，$\Delta y = \sin x \Delta x = 0.0000475 \approx 0.00005$，所以

$$y = \cos 9°24' = 0.98657$$

确定数据的有效位数时应注意：

运算公式中的常数，例如 $\rho = \frac{4m}{\pi(d_2^2 - d_1^2)h}$ 中的“4”和“π”，不是因为测量而产生的，从而不存在有效位数问题，在运算中需要几位就取几位，可以直接按计算器上的按键取用。对物理常数，其有效位数应比直接测量两种有效位数最少的数多取1或2位，参与式中的运算。

为了避免在运算过程中由于数字的取舍而引入误差，对中间运算结果可比上述规则规定的多保留1位，以免因过多截取带来附加误差。

3）测量结果表示中的有效位数的规定

实验结果不确定度的有效位数一般取1至2位有效位数。当不确定度首位数字较小时（如1或2），一般取2位，不小于5时通常取1位。

表示测量值最后结果时，最后结果与不确定度的末位数字要对齐。

相对误差或相对不确定度的有效位数一般也只取 1~2 位。

如果在实验中没有进行不确定度的估算，最后结果的有效位数的取法如下：一般来说，在连乘除的情况下，它与参与运算的各量中有效位数最少的数大致相同；在求代数和的情况下，则取参与加减运算各量的末位数中数量及最大的那一位结果的末位。

3. 数据修约的进舍规则

数据修约就是去掉数据中多余的位。当拟舍去的那些数字中的最左一位小于 5 时，舍去；大于 5 时(包含等于 5 而其后尚有非零的数)，进 1；等于 5 时(其后无数字或皆为零)，若保留的末位数是奇数，则进 1，为偶数则舍去。负数修约时先把绝对值按上述规定修约，然后在修约值前加负号。

例如：2.764 和 2.736 若有效位数只保留 2 位，则应分别写为 2.8 和 2.7。又如 3.252，若只需保留 2 位有效位数，则应记作 3.3。再如，4.15 和 4.25 要保留 2 位有效位数时，则都应记作 4.2。

下面举一例来说明数据有效位数的确定和测量结果的表示。

【例 3】用 50 分度的游标卡尺测量圆铜环，游标卡尺的仪器误差为 0.02cm，直接测量结果为：铜环的外径 $D_2 \pm U_{D_2}=(5.150\pm0.006)$ cm，内径 $D_1 \pm U_{D_1}=(4.505\pm0.005)$ cm，高 $H\pm U_H=(3.400\pm0.004)$ cm，求间接测量铜环的体积 V 和不确定度 U_V。

【解】铜环的体积计算公式为

$$V=\frac{\pi}{4}(D_2^2-D_1^2)H$$

将直接测量量的最佳值代入公式

$$V=\frac{3.1416}{4}\times(5.150^2-4.505^2)\times3.400=16.630\ \text{cm}^3$$

要计算体积的不确定度 U_V，用公式(0-16)计算更方便。铜环体积的对数及其微分式分别为：

$$\ln V=\ln\left(\frac{\pi}{4}\right)+\ln(D_2^2-D_1^2)+\ln H$$

$$\frac{\partial \ln V}{\partial D_2}=\frac{2D_2}{D_2^2-D_1^2},\frac{\partial \ln V}{\partial D_1}=-\frac{2D_1}{D_2^2-D_1^2},\frac{\partial \ln V}{\partial H}=\frac{1}{H}$$

则有

$$\left(\frac{U_V}{V}\right)^2=\left(\frac{2D_2U_{D_2}}{D_2^2-D_1^2}\right)^2+\left(-\frac{2D_1U_{D_1}}{D_2^2-D_1^2}\right)^2+\left(\frac{U_H}{H}\right)^2$$

$$=\left(\frac{2\times5.150\times0.006}{5.150^2-4.505^2}\right)^2+\left(-\frac{2\times4.505\times0.005}{5.150^2-4.505^2}\right)^2+\left(\frac{0.004}{3.400}\right)^2$$

$$= (9.92\times10^{-3})^2 + (7.23\times10^{-3})^2 + (1.18\times10^{-3})^2$$
$$= 1.521\times10^{-4}$$

$$\frac{U_V}{V} = 1.2\times10^{-2} = 1.2\%$$

所以

$$U_V = V\left(\frac{U_V}{V}\right) = 16.630\times0.012 = 0.20\text{cm}^3$$

最后结果应为

$$V \pm U_V = (16.63 \pm 0.20)\ \text{cm}^3$$

六、用作图法处理实验数据

有时候实验的观测对象是互相关联的 2 个(或 2 个以上)物理量之间的变化关系，如研究弹簧伸长量与所加砝码质量之间的关系；研究非线性电阻的电压与电流的关系；研究温度与温差电偶输出电压的关系；等等。在这一类实验中，通常是控制其中一个物理量(例如砝码质量)使其依次取不同的值，从而观测另一个物理量所取的对应值，得到一列 X_1，X_2，…，X_n和另一列对应的 Y_1，Y_2，…，Y_n值。对于这两列数据，可以将其记录在适当的表格里，以直观地显示它们之间的关系，这种实验数据处理方法叫作列表法；也可以把实验数据绘制成图，更形象直观地显示出物理量之间的关系，这种实验数据处理方法叫作作图法。

在物理实验课程中，作图必须用坐标纸。常用的坐标纸有直角坐标纸、单对数坐标纸、双对数坐标纸、极坐标纸等。单对数坐标纸的一个坐标轴是分度均匀的普通坐标轴，另一个坐标轴是分度不均匀的对数坐标轴。图 0-1 为一单对数坐标纸，其横坐标轴为对数坐标，注意轴上顺序标出的整分度值是真数。也即在此轴上，某点与原点的实际距离为该点对应数的对数值，但是在该点标出的值是真数。双对数坐标纸的两个坐标轴

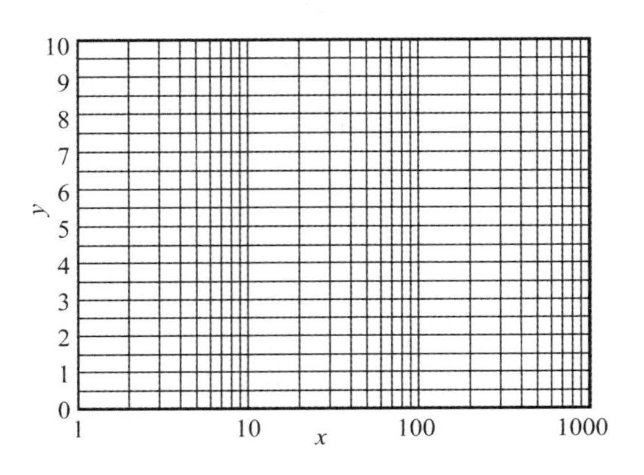

图 0-1　单对数坐标纸

都是对数标度。一般来说，在所考察的两个变量里，如果其中一个变量的数值在所研究的范围内发生了几个数量级的变化，或需要将某种函数(如指数函数 $y = ae^{bx}$)变换为直线函数关系，可以考虑选用单对数坐标纸。另外，在自变量由零开始逐渐增大的初始阶段，当自变量的少许变化引起因变量的极大变化时，如果使用单对数坐标纸，可将曲线初始部分伸长，从而使图形轮廓清楚，当所考察的两个变量在数值上均变化了几个数量级，或需要把某种非线性关系(如幂函数 $y=ax^b$)变换为线性关系时，可以考虑选用双对数坐标纸。相对直角坐标系而言，双对数坐标也具有将曲线开始部分展开的特点。

物理实验中使用作图法处理实验数据时一般有两个目的：

(1)为了形象直观地反映物理量之间的关系。

(2)要由实验曲线求其他物理量，如求直线的斜率、截距等。

下面给出作图法的一般规则。

(1)选择合适的坐标分度值。如果是为了形象直观地反映物理量之间的关系，作图时，一般能够定性地反映出物理量的变化规律就可以了，坐标分度值的选取可以有较大的随意性。如果要由实验曲线求其他物理量，如求直线的斜率、截距等，对这类曲线图，坐标分度值的选取应以图能基本反映测量值或所求物理量的不确定度为原则。一般用1mm或2mm表示与变量不确定度相近的量值，如水银温度计的 $U_t \approx 0.5$℃，则温度轴的坐标分度可取为0.5℃/mm。坐标轴比例的选择应便于读数，不宜选成1∶1.5或1∶3。坐标范围应包括全部测量值，并略有富余。最小坐标值应根据实验数据来选取，不必从零开始，以使作出的图线大体上能充满全图，布局美观、合理。

(2)标明坐标轴。以自变量(即实验中可以准确控制的量，如温度、时间等)为横坐标，以因变量为纵坐标。用粗实线在坐标纸上描出坐标轴，在轴上注明物理量名称、符号、单位，并按顺序标出轴上整分度的值，其书写的位数可以比量值的有效位数少1或2位。

(3)标出实验点。实验点应用“+”“⊙”等符号明显标出。

(4)连成图线。由于每一个实验点的误差情况不一定相同，因此不应强求曲线通过每一个实验点而连成折线(仪表的校正曲线除外)，应该按实验点的总趋势连成光滑的曲线，做到图线两侧的实验点与图线的距离最接近且分布大体均匀。曲线正穿过实验点时，可以在实验点处断开。

(5)写明图线特征。利用图上的空白位置注明实验条件和标出从图线上得出的某些参数，如截距、斜率、极大值、极小值、拐点和渐近线等。有时需要通过计算求某一特征量，图上还须标出被选计算点的坐标及计算结果。

(6)写图名。在图纸下方或空白位置写出图线的名称以及某些必要的说明，要使图线尽可能全面地反映实验的情况。将图纸与实验报告订在一起。

图0-2为用四探针法测得的一金薄膜样品的伏安特性曲线。

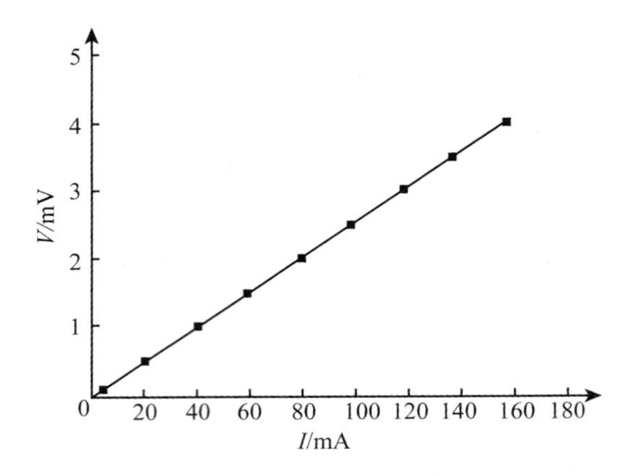

图 0-2　金薄膜样品的伏安特性曲线

七、实验数据的直线拟合

1. 用最小二乘法进行直线拟合

1）最小二乘法

作图法虽然在数据处理中是一个很便利的方法，但是在图线的绘制上往往会引入附加误差，尤其在根据图线确定常数时，这种误差有时会很明显。为了克服这一缺点，在数理统计中研究了直线拟合问题（或称一元线性回归问题），常用一种以最小二乘法为基础的实验数据处理方法。由于某些曲线的函数可以通过数学变换改写成直线，例如对函数 $y = a\mathrm{e}^{-bx}$ 取对数得 $\ln y = \ln a - bx$，$\ln y$ 与 x 的函数关系就变成了直线型，因此，这一方法也适用于这类曲线型的情况。

设在某一实验中，可控制的物理量取 x_1，x_2，…，x_n 值时，对应的物理量依次取 y_1，y_2，…，y_n 值。假定对 x_i 值的观察误差很小，可以忽略，而主要误差都出现在 y_i 的观测上。直线拟合实际上就是用数学分析的方法从这些观测到的实验数据中求出一个误差最小的最佳经验式 $y = a + bx$。按这一最佳经验式作出的图线虽不一定能够通过每一个实验点，但却是以最接近这些实验点的方式平滑地穿过实验点的。对应于每一个 x_i 值，观测值 y_i 和最佳经验公式的 y 值之间存在的偏差 Δy_i 被称为观测值 y_i 的残差，即

$$\Delta y_i = y_i - y = y_i - (a + bx_i) \quad (i = 1, 2, \cdots, n) \tag{0-17}$$

最小二乘法的原理是：若各观测值 y_i 的误差互相独立且服从统一正态分布，当 y_i 的残差的平方和为最小时，即得到最佳经验公式。根据这一原理可求出常数 a 和 b。

设以 S 表示 Δy_i 的平方和，它应满足

$$S = \sum (\Delta y_i)^2 = \sum [y_i - (a + bx_i)]^2 = S_{\min} \tag{0-18}$$

$$\frac{\partial S}{\partial a} = -2\sum (y_i - a - bx_i) = 0, \frac{\partial S}{\partial b} = -2\sum (y_i - a - bx_i)x_i = 0 \tag{0-19}$$

即

$$\sum y_i - na - b\sum x_i = 0,\ \sum x_iy_i - a\sum x_i - b\sum x_i^2 = 0 \tag{0-20}$$

其解为

$$a = \frac{\sum x_iy_i - \sum y_i \sum x_i^2}{\left(\sum x_i\right)^2 - n\sum x_i^2} \tag{0-21}$$

$$b = \frac{\sum x_i \sum y_i - n\sum x_iy_i}{\left(\sum x_i\right)^2 - n\sum x_i^2} \tag{0-22}$$

将得出的 a 和 b 代入直线方程，即得到最佳的经验公式 $y = a + bx$。

下面给出相关系数 r 的定义：

$$r = \frac{\sum \Delta x_i \Delta y_i}{\sqrt{\sum (\Delta x_i)^2}\sqrt{\sum (\Delta y_i)^2}} \tag{0-23}$$

式中，$\Delta x_i = x_i - \bar{x}$，$\Delta y_i = y_i - \bar{y}$。当 x 和 y 两者互相独立时，Δx_i 和 Δy_i 的取值和符号彼此无关(即无相关性)，此时

$$\sum \Delta x_i \Delta y_i = 0，\text{即 } r = 0$$

在直线拟合中，x 和 y 一般并不互相独立，这时 Δx_i 和 Δy_i 的取值和符号就不再无关而是有关(即有相关性)的。例如，若函数形式为 $x + y = 0$，即 $y = \pm x$，Δx 和 Δy 之间就有 $\Delta y = \pm \Delta x$ 的关系，将这一关系式代入式(0-23)，可得

$$r = \frac{\sum \Delta x_i(\pm \Delta x_i)}{\sqrt{(\Delta x_i)^2}\sqrt{(\Delta y_i)^2}} = \pm\frac{\sum (\Delta x_i)^2}{\sum (\Delta x_i)^2} = \pm 1$$

由此可见，相关系数表征了两个物理量之间对线性关系的符合程度。r 越接近 1，y_i 和 x_i 间线性关系越好。物理实验中 r 如达到 0.999，就表示实验数据的线性关系良好，各实验点聚集在一条直线附近。相反，相关系数 $r = 0$ 或趋近于 0，说明实验数据很分散，y_i 和 x_i 间互相独立，无线性关系。因此，用直线拟合法处理实验数据时常常要计算相关系数，以考察两个物理量之间是否存在线性关系以及对线性关系的符合程度。

2）直线拟合结果的表示

上面介绍了用最小二乘法进行直线拟合时求经验公式中常数 a、b 以及相关系数 r 的方法。用这种方法计算的常数值 a 和 b 可以说是“最佳的”，但并不是没有误差，它们的误差估算比较复杂，这里只给出计算公式，不介绍其推导过程。

由于 y 的残差平方和 $s = \sum [y_i - (a + bx_i)]^2$ 是随数据个数的增加而增加的，不能很直观地反映出拟合直线与实验数据(x_i, y_i)的符合程度，因此，通常用应变量的标准差 S_y 作为表征拟合直线与实验数据点(x_i, y_i)的符合程度的一个参量，即

$$s_y = \sqrt{\frac{S}{n-2}} = \sqrt{\frac{\sum [y_i - (a + bx_i)]^2}{n-2}} \tag{0-24}$$

截距 a 和斜率 b 的标准差分别为

$$s_a = s_y\sqrt{\frac{\overline{x}^2}{\sum \Delta x_i^2} + \frac{1}{n}} = s_y\sqrt{\frac{\overline{x}^2}{\sum (x_i - \overline{x})^2} + \frac{1}{n}} \tag{0-25}$$

$$s_b = \frac{s_y}{\sqrt{\sum \Delta x_i^2}} = \frac{s_y}{\sum (x_i - \overline{x})^2} \tag{0-26}$$

在多数情况下，对直线拟合结果的表示只要求计算 A 类不确定度 $U_{a,\mathrm{A}}$ 和 $U_{b,\mathrm{A}}$，结果写成 $a = a_0 \pm U_{a,\mathrm{A}}$ 和 $b = b_0 \pm U_{b,\mathrm{A}}$ 的形式（a_0、b_0 为由式(0-21)和式(0-22)求出的 a、b 的具体值），即简化地将 A 类分量 $U_{a,\mathrm{A}}$ 和 $U_{b,\mathrm{A}}$ 作为总的不确定度 U_a 和 U_b。

$U_{a,\mathrm{A}}$ 和 $U_{b,\mathrm{A}}$ 分别由下式计算：

$$U_{a,\mathrm{A}} = t_{0.95}(v) \cdot s_a \tag{0-27}$$

$$U_{b,\mathrm{A}} = t_{0.95}(v) \cdot s_b \tag{0-28}$$

式中，$t_{0.95}(v)$ 是置信概率为 0.95、自由度为 v 时的 t 分布因子，可由表 0-2 查得。自由度 v 等于拟合时的方程数目（即数据点的个数）n 减去待求未知量的个数（即 2），也就是 $v = n - 2$。

应变量 y_i 一般是直接测量量。设测量仪器的误差限值为 $\Delta_{y仪}$，当标准差 s_y 显著小于 $\frac{1}{2}\Delta_{y仪}$ 时，A 类不确定度可能已经不是截距 a 和斜率 b 的不确定度的主要分量了，在这种情况下，直线拟合结果表示的上述简化做法就不适合了，通常需要进一步分析 B 类不确定度成分的影响，有关这方面的详细内容可参阅相关参考文献。

表 0-2 计算 A 类不确定度的 t 因子表（置信概率为 95%）

自由度	1	2	3	4	5	6	7	8	9	10	15	20	∞
$t_{0.95}(v)$	12.7	4.30	3.18	2.78	2.57	2.45	2.36	2.31	2.26	2.23	2.13	2.09	1.96

2. 用 Excel 软件进行直线拟合

具有曲线拟合功能的软件很多，例如 Excel，Origin，Matlab 等。Excel 软件是微软 Office 办公套件的一个组件，一般来说，安装了 Word 软件的计算机，也安装了 Excel，因此可以使用 Excel 进行直线拟合。应用 Excel 软件提供的现成函数可以方便地进行直线拟合，这里只介绍三种较简单的方法。除此之外，还可以自行编写代码来进行处理（见附录 2）。

1) Linest 函数

Linest 函数是 Excel 软件提供的多元回归分析函数。直线拟合只是多元回归的特例，所以也可以用 Linest 函数计算直线拟合的斜率、截距、相关系数和应变量标准差等参量，还可以直接给出斜率标准差、截距标准差和残差平方和等参量，是非常方便的拟合工具。

在使用 Linest 函数时，首先在 Excel 表格中输入原始数据，然后在任一空白单元处键入函数，就可得到计算结果。Linest 函数参见表 0-3。

表 0-3　Excel 软件中的 Linest 函数

参　　量	Excel 函数
斜率 b	INDEX(LINEST(y_1: y_n, x_1: x_n, 1, 1), 1, 1)
截距 a	INDEX(LINEST(y_1: y_n, x_1: x_n, 1, 1), 1, 2)
相关系数 r	INDEX(LINEST(y_1: y_n, x_1: x_n, 1, 1), 3, 1)^0.5
应变量标准差 s_y	INDEX(LINEST(y_1: y_n, x_1: x_n, 1, 1), 3, 2)
斜率标准差 s_b	INDEX(LINEST(y_1: y_n, x_1: x_n, 1, 1), 2, 1)
截距标准差 s_a	INDEX(LINEST(y_1: y_n, x_1: x_n, 1, 1), 2, 2)
残差平方和 S	INDEX(LINEST(y_1: y_n, x_1: x_n, 1, 1), 5, 2)

2) 直接求出拟合参量

Excel 软件还提供了直接求出斜率、截距、相关系数和应变量标准差等拟合参量的函数，函数的句型列于表 0-4 中。

表 0-4　Excel 软件中直接求拟合参量的函数

参　　量	Excel 函数
斜率 b	SLOPE(y_1: y_n, x_1: x_n)
截距 a	INTERCEPT(y_1: y_n, x_1: x_n)
相关系数 r	CORREL(y_1: y_n, x_1: x_n)
应变量标准差 s_y	STEYX(y_1: y_n, x_1: x_n)

3) 给出拟合参数

利用“图表”功能中的“添加趋势线”功能给出拟合参数。

这种方法可以给出拟合直线的斜率、截距和相关系数等参数。具体做法如下：选定数据(x_i, y_i)后，使用 Excel 软件工具栏中“插入”下拉菜单中“图表”功能中的“XY 散点图”中的“平滑散点图”作图，然后将鼠标移到图中的直线上，按鼠标右键选择“添加趋势线”，进而选择“添加趋势线”标签中“类型”栏中的“线性”与“选项”栏中的“显示公式”和“显示 R 平方值”两个选项，则在曲线图中就自动添加了方程 $y=a+bx$ 及相关系数 r^2。

【习题】

1. 在长度测量中，用千分尺测量一个圆柱的直径(以 cm 为单位)，数据如下：

1. 3270；1. 3265；1. 3272；1. 3267；1. 3269；1. 3265

已知仪器误差为 0. 0004cm，试将结果写成 $D = (\bar{D} + U_D)$ 。

2. 按有效位数确定规则计算下列各式：

(1)302. 1+3. 12−0. 385　　(2)1. 584×2. 02×0. 86

(3)963. 69÷12. 3　　(4)$\frac{97.02-88.58}{90.06}$

3. 推导下列公式间接测量的不确定度 U_ρ 或 $\frac{U_\rho}{\rho}$ 的计算公式：

(1) $\rho = \frac{m}{\frac{\pi}{6}D^3}$　　(2) $\rho = \frac{m}{\frac{\pi}{4}(D^2 - d^2)H}$

实验一　长度的测量

一、实验目的

1. 学习游标和螺旋测微原理；
2. 正确掌握游标卡尺、螺旋测微器、读数显微镜测量长度的方法；
3. 练习对测量误差的估计和有效数字的基本运算。

二、实验仪器用具

游标卡尺、螺旋测微器、读数显微镜、待测物(如漆包线、小球、圆筒、集成电路块等)、计算器。

1. 游标卡尺与游标原理

1)游标卡尺

游标卡尺的构造如图 1-1 所示，它主要是由主尺 A、B 和副尺 C、D(一般称游标)组成。还有内量爪 e、f，外量爪 E、F，探尺 J，分别用于测量内径、外径和深度。当主尺的零线与游标的零线对齐时，测量长度为零，这时内、外量爪都应吻合无缝，而且探尺端与主尺端相平。

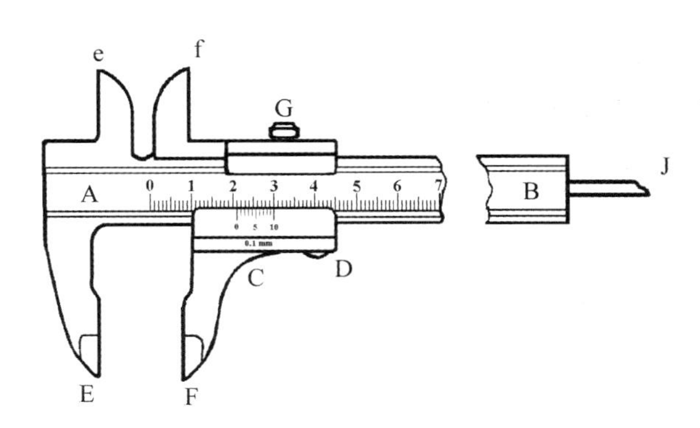

图 1-1　游标卡尺

测量时将量爪分开，刚好卡住待测物，此时主尺零线与游标零线分开，这两零线之间的距离 L 即为待测物长度。L 由两部分读数组成：主尺毫米格读出的整数部分 L_0，在主尺最后一毫米格内的估读小数部分 ΔL，见图 1-2。所以，$L = L_0 + \Delta L$ (mm)。

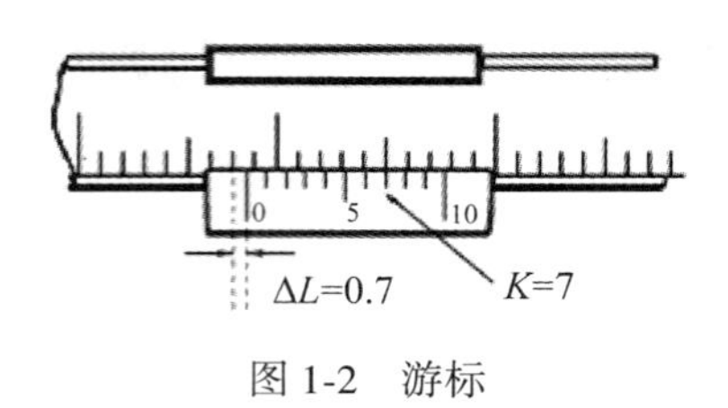

图 1-2　游标

2) 游标原理

如果将游标等分 n 格，使得与主尺上的 $n-1$ 格等长，以 x 表示游标每格长度，x' 表示主尺每格长度，则有

$$nx = (n-1)x' \quad 或 \quad x' - x = x'/n \tag{1-1}$$

如果主尺每格 x' 为 1mm，游标分格数 n 为 10，则游标每格 x 可由式(1-1)算得，为 0.9mm。这时，主尺与游标每格长度差为

$$x' - x = 1 - 0.9 = 0.1\text{mm}$$

即
$$x'/n = 0.1\text{mm}$$

既然每格相差 $x'/n = 0.1$mm，那么，K 格就应相差 $K \times 0.1$mm。如果 ΔL 正好就是游标上 K 格与主尺上 K 格相差的结果，则 ΔL 就为 $K \times 0.1$mm，所以，找出 K 值，就可以读出 ΔL。找 K 值的方法是，从游标分格线上看第几条线与主尺分格线对齐，对齐的这条线在游标上所示格数就是 K 值。假设是游标第七条分格线与主尺分格线对齐，则 K 为 7，ΔL 为 0.7mm，见图 1-2。

由于 $x'-x=0.1$mm，游标就可以准确地读出 0.1mm 及它的整数倍，这时游标卡尺的精度为 0.1mm；如果将游标分为 20 格($n=20$)，主尺格长 x' 仍然是 1mm，则主尺与游标每格长度差 $x'-x$ 应为 $x'/n = 0.05$mn，这时，游标可准确地读出 0.05mm 及它的整数倍，游标卡尺就精确到 0.05mm。实验室常用的游标卡尺有精度为 0.1mm、0.05mm 的两种，还有精度为 0.02mm 的游标卡尺与弯(或角)游标卡尺等，在此不一一叙述。

2. 螺旋测微器与螺旋测微原理

1) 螺旋测微器

螺旋测微器又称千分尺。比游标卡尺更精确，精度为 0.01mm，其量程一般为 25mm，结构如图 1-3 所示。

2) 螺旋测微原理

当微分筒(即鼓轮)旋转一周(即转过 50 个分格时，微动螺杆则沿轴向前进 0.5mm (1 大格)；如果微分筒只旋转 1/50 周(即 1 个分格)，则微动螺杆沿轴向前进 0.5/50mm；如果微分筒旋转了 n/50 周(即 n 个分格)，则微动螺杆沿轴向前进 $n \times 0.5$/

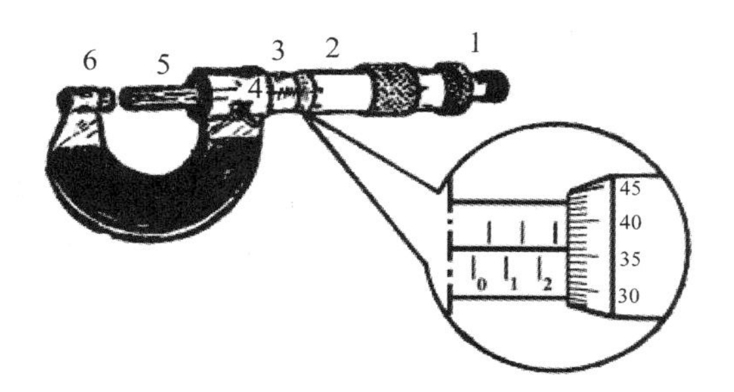

1—棘轮及其旋柄；2—微分筒（也叫鼓轮），一周共刻有 50 个等分格，与微动螺杆相连，套在主尺上；3—固定套管，刻有 0.5mm 格数，称主尺；4—紧固夹；5—微动螺杆，螺距为 0.5mm；6—测砧与尺架。（也有螺距为 1mm 而鼓轮一周刻 100 格的）

图 1-3　螺旋测微器

50mm。当微分筒的零线与主尺零线对齐时，微动螺杆端面应与测砧相吻合，这时测量长度为零。测量时，微动螺杆端面与测砧分开夹住被测物，微分筒零线与主尺零线分开，其读数方法与游标尺读数类似，也是用主尺读数 L_0 加副尺（即微分筒）读数 ΔL，即 $L = L_0 + \Delta L$。ΔL 由微分筒旋转的分格数决定。例如，图 1-3 读数 L_0 为 2.500mm，ΔL 为 0.360mm。L 为 2.500 + 0.360 = 2.860mm。

3. 读数显微镜

读数显微镜是利用光学显微镜与螺旋测微相结合的原理测量微小长度的精密仪器。如图 1-4 所示。

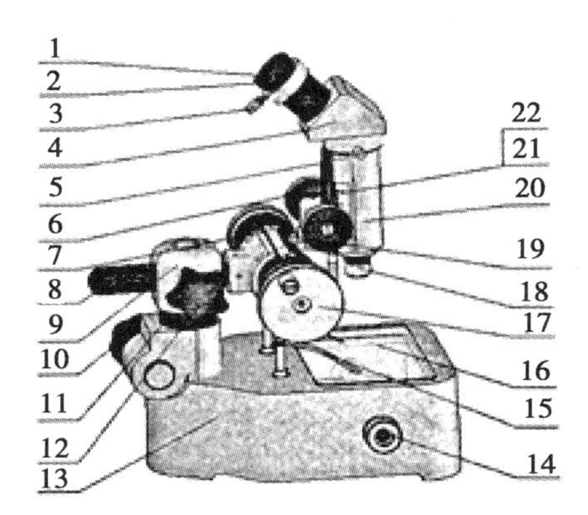

1—目镜；2—目镜座；3—锁紧螺钉；4—棱镜盒；5—锁紧螺钉；6—调焦手轮；7—主标尺；8—支杆；9—十字孔支杆；10—大手柄；11—定位套；12—小手柄；13—底座；14—调节手轮；15—压板；16—工作台面；17—读数鼓轮；18—物镜；19—主尺指标；20—镜筒；21—副标尺；22—副标尺指标

图 1-4　读数显微镜

读数显微镜主要由两大部分组成：

(1)光学显微系统：由焦距较长的物镜(倍率1~3倍)、焦距较短的目镜(倍率20~30倍)、测微分划板、镜筒等组成。

(2)螺旋测微系统：由测微螺杆(螺距为1mm)、毫米标尺(镜座上的主尺)、读数鼓轮(一周100个分格，每转一格显微镜移动0.01mm)、摇柄、镜座、转向接头等组成。

读数显微镜一般精度为0.01mm，量程为50mm，其读数方法与螺旋测微器类似，掌握了螺旋测微原理，再来学读数显微镜是很容易的。

三、实验内容和步骤

1. 用游标卡尺测量小圆筒的内、外径和内、外高度，求其体积。同一量重复测量5次，正确写出测量结果的有效数字位数，计算各测量值的绝对平均误差与算术平均值。

2. 用螺旋测微器量小球与漆包线直径，重复10次，计算小球的体积，用算术平均值和单次测量的标准误差表示测量结果。

3. 用读数显微镜测量集成电路块中一条电路的宽度，重复5次，用算术平均值和它的标准误差表示测量结果。

测量数据均应列表记录，表格一般由学生在预习中自拟，表1-1至表1-3仅供初学者参考。

表1-1　游标卡尺(0.05mm)　　单位：mm

项目	次数						
	1	2	3	4	5	$\bar{N}$	$\Delta\bar{N}$
内径 R_1							
外径 R_2							
内高 h_1							
外高 h_2							
测量结果 $V=\bar{V}\pm\Delta V=$　　　$\pm$　　　mm^3							

$$\bar{V}=\pi(R_2^2h_2-R_1^2h_1)$$

$$\Delta V=\Delta V_1+\Delta V_2=\left(\frac{2\Delta R_1}{R_1}+\frac{\Delta h_1}{h_1}\right)\bar{V}_1+\left(\frac{2\Delta R_2}{R_2}+\frac{\Delta h_2}{h_2}\right)\bar{V}_2$$

表 1-2　螺旋测微器(0.01mm)　修正值______ mm　　单位：mm

n	1	2	3	4	5	6	7	8	9	10	$\bar{d}$	σ
小球直径 d_1												
漆包线直径 d_2												

小球测量结果为：

$d_1 = \bar{d}_1 \pm \sigma_1 = \qquad \pm \qquad \text{mm}$,

其中，$\bar{d}_1 = \dfrac{\left(\sum d_1\right)}{n}$，$\sigma_1 = \sqrt{\dfrac{\left[\sum (d_1 - \bar{d}_1)\right]^2}{(n-1)}}$，

$\bar{V} = 4\pi r^3/3 = \dfrac{1}{6}\pi \bar{d}_1^3 = \qquad \text{mm}^3$,

$\sigma_v = \sqrt[3]{(\sigma_1/\bar{d}_1)^2} \cdot \bar{V} = \qquad \text{mm}$。

表 1-3　读数显微镜(0.01mm)　　单位：mm

项目	次　数							
	1	2	3	4	5	$\bar{N}$	σ	S
起始读数 x_1								
终止读数 x_2								
$x = x_2 - x_1$								

测量结果为：

$x = \bar{x} \pm S = \qquad \pm \qquad \text{mm}$,

$\sigma = \sqrt{\dfrac{\sum (x_1 - \bar{x})^2}{n-1}}$，$S = \sqrt{\dfrac{\sum (x_1 - \bar{x})^2}{n \cdot (n-1)}}$。

四、实验注意事项

1. 测准长度的关键在于准确地读出待测物两端面(起点与终点)的位置坐标，一般起点定为零位，所以，在测量前量具均应校正零点，或者确定零点修正值(待测物长度为测量值与修正值之差)。

2. 当游标上同时看见有两条相邻的刻线几乎与主尺对齐时，则取这两个读数的平均值，其平均绝对误差取精度的 1/2，标准误差取精度的 $1/\sqrt{3}$。

3. 量具不可将待测物夹得太紧，否则，不仅使待测物变形，产生误差，而且会损坏量具与待测物表面。量具使用完毕，应松开紧固装置，并使夹待测物的两端面留有空隙，防止热膨胀时损坏丝杆或量爪的刀口。

4. 根据量具的精度确定有效数字位数。由量具的最小分格(即精度)读出可靠数字；在最小分格内估读可疑数字(即有效数字的最后一位)。

5. 使用螺旋测微装置(包括读数显微镜)应注意避免回程误差的产生。因为螺母与螺杆之间不可能吻合得丝毫不差，如果螺旋改变方向，则总有一点错位，必将带来误差，所以，测量时应保证丝杆只向一个方向移动。

6. 使用读数显微镜时，先将待测物位于明亮的视场中心(即先看见白光斑)，再调节目镜，使叉丝清晰，最后调节物镜焦距，使待测物成像清楚，而且眼睛左右移动时，看到叉丝与待测物的像之间无相对移动。

五、实验思考题

1. 什么是测量仪器(或器具)的精度和量程？本实验中使用的量具，其精度和量程各为多少？它们能读出几位有效数字？

2. 通过实验回答下列问题：

(1)测量小球直径，是测球的同一部位好，还是测各个不同部位好？为什么？

(2)用游标卡尺卡着物体读数好还是取下来读数好？为什么？

3. 有一块长约 30cm、宽 5cm、厚 0.5cm 的铁块，要测其体积，应如何选用量具才能使结果得到 4 位有效数字？

实验二　精 密 称 衡

一、实验目的

1. 了解杠杆式天平的构造原理，掌握分析天平的调整和正确的使用方法；
2. 学会天平灵敏度的测定并能用天平进行精密称衡；
3. 熟悉精密称衡中的系统误差校正。

二、实验仪器用具

TG328A 杠杆式天平、被测物体(质量为 50~100g 的铝块、玻璃块、有机玻璃、小钢球等)。

1. TG328A 杠杆式天平

TG328A 杠杆式天平的构造如图 2-1 所示。

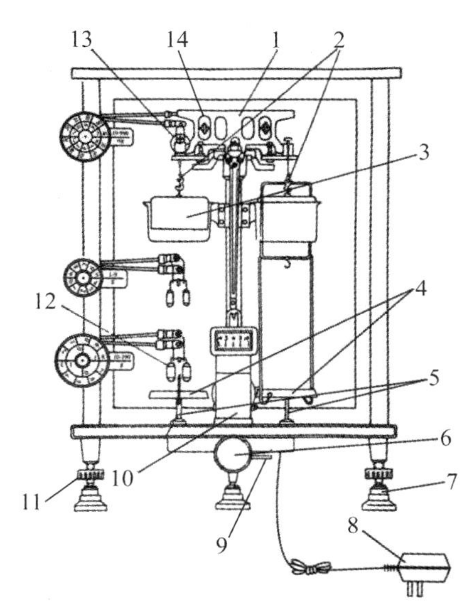

1—横梁；2—挂钩；3—内阻尼器；4—称盘；5—托盘；6—开关旋钮；
7—避震垫脚；8—电源变压器；9—微动调节梗；10—光学投影装置；11—调平螺旋脚；
12—环形克砝码；13—圆形毫克砝码；14—平衡陀螺

图 2-1　TG328A 杠杆式天平

TG328A 杠杆式天平是阻尼式分析天平，此天平属于双盘等臂式天平。整个天平固定在大理石的基座板上，底板前下部装有两个可供调整水平位置的螺旋脚，后面装有一个固定脚，天平木框前面有一扇可供启闭及随意停止在上下位置的玻璃门，右侧有一扇玻璃移动门。横梁上有三把玛瑙刀，中间为固定的支点刀，两边为可调整的承重刀。支点刀放置于中刀承上，中刀承固定在天平立柱上端。横梁停动装置为双层折翼式，在天平开启时，横梁上的承重刀必须比支点刀先接触。横梁的左右两端悬挂承重挂钩，左承重挂钩上装有砝码承受架。秤盘上节中间的阻尼装置固定在中柱上，利用空气阻力来减少横梁摆动时间，达到迅速静止。天平外框左侧装有机械加码装置，通过三挡增减砝码的指示旋钮来变换 10mg~199.990g 砝码所需值。光学投影装置固定在地板上前方，在投影屏上可以直接读出 0.1~10mg 的量值。

2. 天平的系统误差

天平的称量质量的结果包含了可能的系统误差，除了砝码可能不够准确，主要的系统误差是天平横梁臂长不相等和空气浮力的影响。因此，测量过程中要对这两个因素进行校正。

1）横梁臂长不相等引入的系统误差

先将待测物体放在左砝码盘中，在右砝码盘上放上碎小物的替代物，使天平平衡。然后取下待测物体，放砝码再次使天平达到原来的平衡点，显然砝码的总质量便是待测物体的总质量。

2）空气浮力引起的系统误差

空气的密度为ρ_0，砝码的密度为ρ_1。假定待测物体的密度为ρ_2，待测物体及砝码的质量分别为 m 和 m_0， 当天平平衡时物体及砝码均受到空气浮力的影响，故有

$$mg - \frac{m}{\rho_2}\rho_0 g = m_0 g - \frac{m_0}{\rho_1}\rho_0 g \tag{2-1}$$

得

$$m = m_0\left[1 + \left(\frac{1}{\rho_2} - \frac{1}{\rho_1}\right)\rho_0\right] \tag{2-2}$$

三、操作规则

1. 当执手开关使用时，必须缓慢均匀地转动启闭，过快时会使刀刃急触而损坏，同时由于剧烈晃动造成计量误差。

2. 称量时应适当地估计添加砝码，然后开动天平，按指针偏移方向，增减砝码，至投影屏出现静止到 10mg 内的读数为止。

3. 在每次称量时，都应将天平关闭，绝对不能在天平摆动时增减砝码，或在盘中放置称物。

4. 被称物在 10mg 以下者，可在投影屏上读出。10mg 以上数值，旋转砝码三挡指

数盘，来增减 10mg～199. 990g 的环形砝码。

5. 读数方法，首先读出旋转砝码三挡的数值，再读投影屏上的读数，如图 2-2 所示。

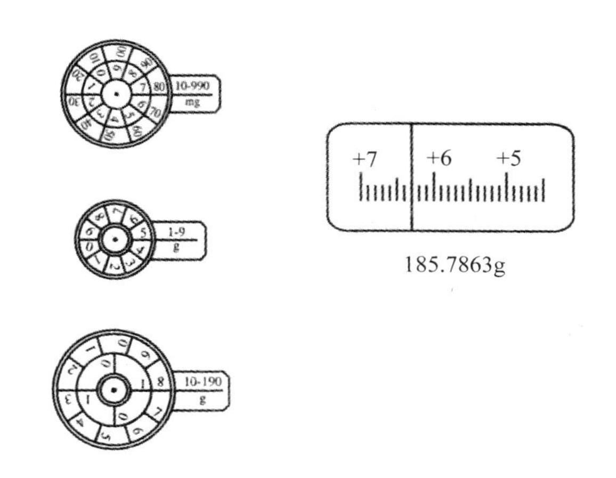

图 2-2　天平读数

四、实验内容和步骤

1. 调天平水平

调天平的底脚螺丝，观察圆形气泡水准器，将天平立柱调成铅直。

2. 光学的调整

将指针前的物镜筒旁边的螺钉松开，把物镜筒向前或向后移动或转动，直至刻度清晰，然后紧固螺钉。

3. 调零点

空载时支起天平，若指针的停点和标尺中点相差较大，可由横梁上端左右两个平衡陀来旋转调节；若指针的停点和标尺中点相差较小，可用底板下部的微动调节梗来调整，移动到投影窗的“0”位直至直线重合。

4. 感量调整

将 10mg 砝码加在承受架上，开启天平后，光学读数应为 10mg，不超出计量允许差，如果感量少，可将横梁背面垂直方向的重心调节球向上移动，过多则反之，调整感量后，零点为复正，再试看感量，反复调节至符合允许差范围。

5. 测待测物体质量 m

将待测物体放到右边的秤盘上。估计待测物体的质量，将旋转三挡砝码至估计值。旋转开关旋钮，按指针偏移方向，增减砝码，直至投影屏出现静止到 10mg 内的读数。

6. 物体的质量及不确定度

计算物体的质量及用公式计算不确定度。

五、实验注意事项

1. 旋动开关旋钮时，必须缓慢均匀，过快会使刀刃损坏，同时可能由于急剧晃动而造成称量误差。

2. 取放环形砝码时要轻缓，不要过快转动指盘旋钮，致使环形砝码跳落或变位。

3. 严禁称量过热的物质；挥发性、腐蚀性的物质，均须装入密封容器内，再进行称量。

4. 称量完毕，应将砝码指示盘读数恢复到零点。

5. 应使天平远离有磁性或能产生磁场的物体及设备。

实验三　牛顿第二定律的验证

一、实验目的

1. 熟悉气垫导轨的构造，学习正确的调整方法；

2. 进一步熟悉用光电计时系统测量短时间的方法，从而学会测物体运动的速度和加速度；

3. 验证牛顿第二定律。

二、实验仪器用具

气垫导轨、数字毫秒计、两个光电门、滑块、砝码及砝码托盘、气源、天平。

1. 气垫导轨部件

气垫导轨部件如图 3-1 所示。

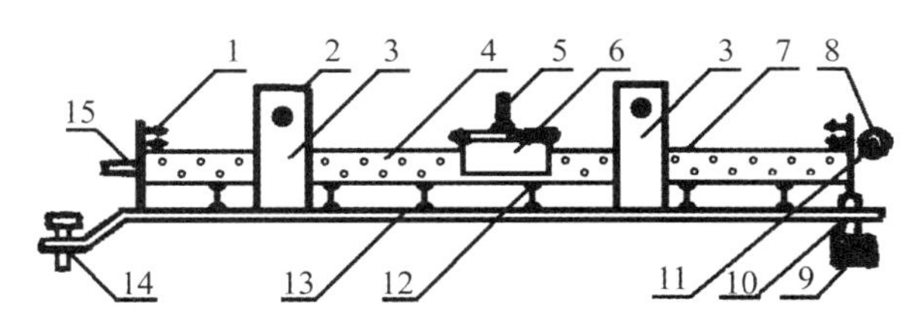

1—缓冲弹片；2—光电管与小聚光灯；3—光电门架；4—喷气小孔；5—挡光片；6—滑块；7—导轨；8—气垫滑轮；9—垫片；10—调平螺丝(横向)；11—堵头；12—双头螺栓；13—底座；14—调平螺丝(纵向)；15—进气嘴

图 3-1　气垫导轨

(1)导轨。导轨由长 1.2~2m 的三角形铝管制成，要求平直度较高，轨面经过精密加工，打磨平滑，两侧各有两排相互错开、等间隔、孔径为 0.4~0.8mm 的小孔，导轨一端封死，另一端装有进气嘴，压缩空气由这里进入管腔后，从小孔喷出。导轨两端还装有缓冲弹簧，有的导轨一端有气垫滑轮。整个导轨通过一系列直立的双头螺栓安装在工字钢梁制成的底座上，底座下面有 3 个底座螺钉可供调水平用。

(2)滑块。由 10~30cm 长的角铝制成，内表面经过细磨，与导轨两个侧面精确吻合。

(3)计时装置。由数字毫秒计与光电门组成。

(4)气源。一般小型气源使用吸尘器，要求气压稳定、流量适当、消音减振及空气滤清。滑块以托起 100~200μm 为宜。

2. 气垫工作原理

滑块为什么能漂浮？是因为有“气垫效应”。滑块与轨面都经过精细加工，可以很好地吻合。当导轨中小孔喷出空气流后，在滑块与导轨之间形成一个薄空气层——气垫，在滑块边缘，不断有空气逸出，同时小孔又不断向气垫补充空气，使气垫得以维持存在。这是一个简单的耗散结构，可以近似地把气垫看成密闭气体，在其中应用帕斯卡定律，小孔中的压强等量地传递到气垫各处，由于滑块与气垫接触面积大，受到很大的压力(方向向上)，所以被托起漂浮。因此，滑块并不是被气流吹起来的，而是被气垫托起的。

3. 使用气垫导轨的注意事项

(1)要保持气垫导轨表面的平直度和光洁度，不允许用任何东西敲碰轨面(特别注意光电门、滑块等组件的碰击)。

(2)滑块在出厂前一般都是与导轨配套加工，因此，使用时不要随意调换。

(3)为避免滑块与气轨擦伤，必须做到：实验时先接通气源后放滑块；实验完毕，先取滑块再关气源。

(4)实验前用少许酒精擦洗轨面与滑块内表面；通气后用小绸条检查是否有小孔堵塞，如有堵塞，用直径 0.3mm 的钢丝细心插通，注意不要擦毛孔口。

(5)导轨应放在固定坚实的平台上，调整后不再移动。

三、实验原理

牛顿第二定律 $F=ma$ 可从两方面来验证：物体质量 m 为常数时，它所获得的加速度 a 与所受合外力 F 成正比；当合外力 F 为常数时，物体获得的加速度 a 与该物体质量 m 成反比。

将水平气轨上的滑块用细线与砝码盘相连在滑块上(图 3-2)，如果不计各种摩擦力与细线的质量，则滑块、滑轮、砝码盘运动系统满足方程：

$$G = (M + nm_0 + m_1 + I/r^2)\,a$$

式中：G 为作用在运动系统上的合外力(阻力不计，G 就是重力)，M 为滑块质量，m_1 为砝码盘质量，m_0 为砝码质量，I/r^2 为滑轮的折合质量，I、r 分别为滑轮转动惯量和半径，n 为砝码的个数。

将砝码全部放在滑块上，然后，测出在砝码盘的重力 m_1g 作用下运动系统的加速度

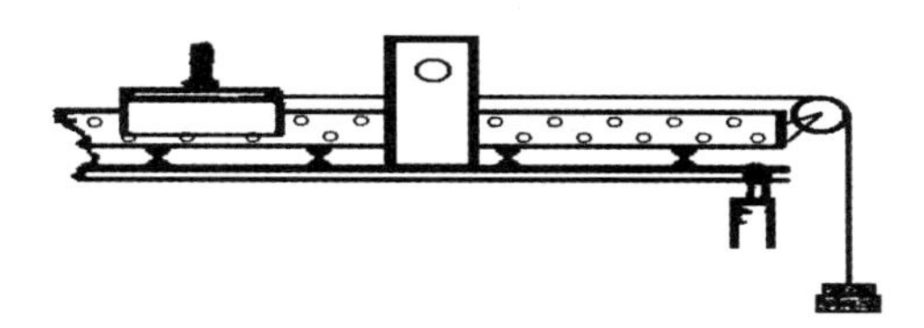

图 3-2　滑块与砝码盘连接

a_1；再在滑块上取下 m_0 的砝码加在砝码盘上，测出在 $2m_0g$ 作用下，运动系统加速度 a_2；再逐次在滑块上取下 m_0 砝码依次加在砝码盘上，测出每次的加速度 a_3，a_4，…，a_{10}。由此数据进行上述第 1 项验证。如果不改变作用在系统上的合外力 F(即重力 G)，只改变滑块的质量 m(可以增减放在滑块上的砝码，或将两滑块用橡皮泥串联)，测出运动系统每改变一次质量时所对应的加速度。由数据再进行上述第 2 项的验证。

关于运动加速度和运动速度的测量，我们作以下考虑：

让两个光电门 K_1、K_2 相距 S(图 3-3)。设滑块通过 K_1 时瞬时速度为 v_1，通过 K_2 时瞬时速度为 v_2。如图 3-4 所示，挡光片的挡光部分宽度为 d_1、d_3($d_1=d_3$)，透光缺口宽度为 d_2。当滑块向右运动时，如用数字毫秒计的计时挡，则挡光片第 1 条边通过光电门时，第一次遮光，开始计时；第 3 条边通过光电门时，第二次遮光，结束计时。于是，测得与 d_1+d_2 距离相对应的时间间隔 t。当 $d_1+d_2<<S$ 时，可认为 $(d_1+d_2)/t$ 为待测的瞬时速度。如果测出通过 K_1 的时间 t_1 和通过 K_2 的时间 t_2，即得

$$\begin{cases} v_1=(d_1+d_2)/t_1 \\ v_2=(d_1+d_2)/t_2 \end{cases} \tag{3-1}$$

滑块从光电门 1 到光电门 2 所用时间为 t_3，则加速度为

$$a=\frac{v_2-v_1}{t_3} \tag{3-2}$$

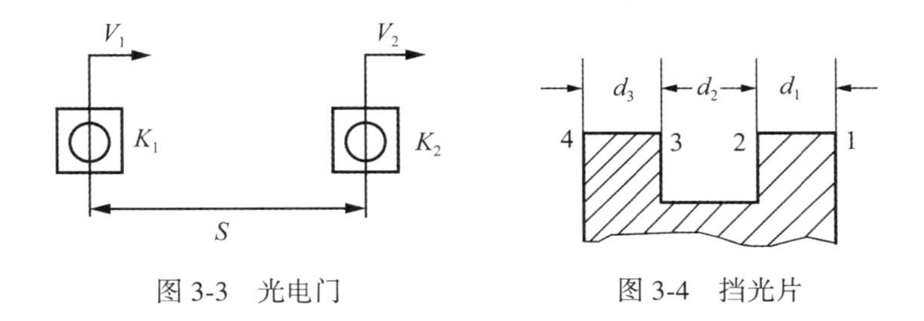

图 3-3　光电门　　　　图 3-4　挡光片

四、实验内容和步骤

1. 气垫导轨的调平与挡光练习。首先学习气垫导轨用法，通气后将滑块放在导轨上 3~5 个等间距点位置上，如果滑块基本上不动或只作任一方向的匀速运动，则导轨

已经调平；然后，让滑块在轨面自由往返滑行，分别使用S_1、S_2挡，观察记录数字毫秒计显示的挡光时间。

2. 保持质量不变，研究外力和加速度的关系。

在已调平的水平导轨上实验，称出滑块与挡光片共同质量M、砝码盘的质量，再将10个5g的砝码放在滑块上。砝码m_0从滑块上移到砝码盘上，改变外力，测相应的加速度。

3. 保持外力不变，研究外力和加速度的关系。

在砝码盘上加1个m_0砝码，保持为合外力不变(即重力)，改变运动系统质量，测a值。

4. 保持质量不变时，作$a \sim F$图；保持外力不变时，作$a \sim 1/m$图。

5. 用最小二乘法求直线拟合$F = \beta a$的β、s_β值。

五、实验注意事项

1. 测量时滑块每次起始位置要尽量接近，两光电门到起始点之间的位置要适当选择，根据所使用的导轨来确定，尽量避免使用或少用无法调平的导轨部分。两光电门之间的距离为40~60cm，第一光电门离起始点约20cm。

2. 在改变系统质量时，Δm不要取得太小，而滑块承受的负载Δm也不能太大。所以，必要时串联一两块小滑块(可用橡皮泥让滑块碰撞结合)。

本实验在要求不高即误差允许范围略宽的情况下，同样可用电磁打点计时器，用小滑车在平板上完成。读者利用这些简单仪器可将本实验变成中学物理实验。

六、实验思考题

1. 能否将导轨调成某一角度而做此实验？为什么？

2. 导轨应如何调整？如何保养？使用时应注意哪些问题？

3. 实验中砝码质量选择得太大、太小有什么不好？砝码的改变量Δm应根据什么而定？

4. 造成本实验的系统误差的因素有哪些？怎样避免或减少？

实验四　固体和液体密度的测量

一、实验目的

1. 学会测固体和液体密度的两种方法——流体静力称衡法和比重瓶法；
2. 进一步熟悉天平的调节与使用。

二、实验仪器用具

物理天平、分析天平、砝码、游标卡尺、烧杯、比重瓶、重度计(比重计)、细线、蒸馏水、待测物(铜圆柱体、小铝块、盐水)、温度计。

1. 重度计(比重计)

重度计是根据阿基米德原理制成的测量液体比重的仪器。它是一个密封的细长玻璃管，一端呈泡状，内装水银或铅粒，使得重度计能在液体中稳定地竖直浮立。根据浮立的深浅，判定液体的比重。常用的重度计有两种：一种是重表，测量重度大于 $1g/cm^3$ 的液体；另一种是轻表，测量重度小于 $1g/cm^3$ 的液体。测量时，将重度计下部轻缓地插入液体中，待平衡后，沿液面水平方向读重度计示数。

2. 比重瓶

普通比重瓶是玻璃材料制成的容积固定的容器(图 4-1)，为了保证比重瓶的容积固定，瓶塞是用一个中间有毛细管的磨口玻璃塞制成，使用时，用移液管注入液体至瓶口，用瓶塞塞紧，多余的液体就会通过毛细管流出，以保证比重瓶容积固定。

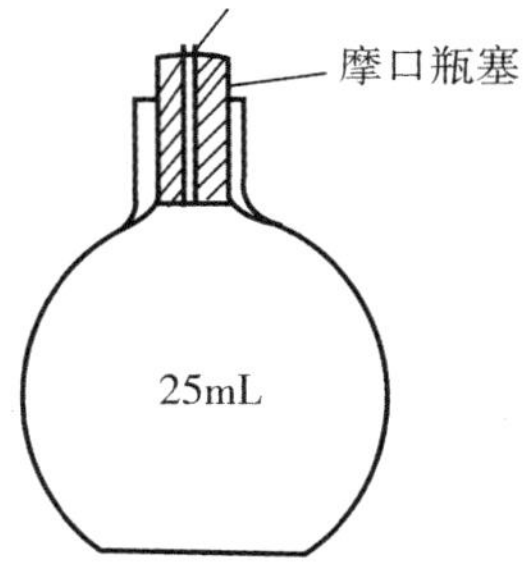

图 4-1　比重瓶

三、实验原理

1. 流体静力称衡法

设待测物体质量为 Δm，体积为 ΔV，则密度为 $\rho = \Delta m/\Delta V$，ΔV 通过流体静力称衡法间接测量，若不计空气浮力，则待测物在液体中所受浮力 F 为

$$F = mg - M'g \tag{4-1}$$

式中，$M'g$ 为待测物全部浸没在液体中的视重。由阿基米德原理可知

$$F = \rho_0 V'g \tag{4-2}$$

式中，ρ_0 为液体的密度。所以，待测物的排液体积 V'(即物体的体积 ΔV) 为

$$V' = (\Delta m - M')/\rho_0 \tag{4-3}$$

由上述各式可以得到待测物密度 ρ 的测量公式为

$$\rho = \Delta m\rho_0/(\Delta m - M') \tag{4-4}$$

只要测得 Δm 和 M'(ρ_0 为已知液体的密度，可查表)，就可以求出待测物的密度。

2. 比重瓶法

设比重瓶的质量为 m，在充满密度为 ρ 的待测液时称得质量为 M，比重瓶充满蒸馏水时称得质量为 m_0(蒸馏水与待测液体的温度相同)，比重瓶在该温度下的容积为 V，因为 $V = (m_0 - m)/\rho_0$(ρ_0 是蒸馏水的密度)，故

$$\rho(M - m)/V = \rho_0(M - m)/(m_0 - m) \tag{4-5}$$

式中，ρ_0 可从表中查出。因此，只要测出 M、m、m_0 就可求得 ρ。

四、实验内容和步骤

1. 直接称衡法

检查天平的灵敏度 s，在一秤盘上加10mg砝码，读出指针偏离零线的格数 n，则 $s = n/(10\text{格}\cdot\text{毫克})$。再称得待测物(圆柱体)质量 m，用游标尺测出圆柱体体积 V，则待测物密度为 $\rho = m/V$，用 $\bar{\rho} \pm \Delta\rho$ 表示测量结果。

2. 流体静力称衡法

(1) 测固体(圆柱体)的密度。用细尼龙线将待测物(圆柱体)吊在天平左端挂钩上，将物体全部浸入有水的烧杯中(如图4-2所示)，测出这时的质量 M，注意要排除待测物周围的气泡(为什么？)。测出水温，并从实验室查出该温度时水的密度 ρ_0，按式(4-4)求出待测物的密度及其误差。

(2) 测盐水的密度。将烧杯中的水倒出，装入盐水，按图4-2称出此时的质量 M'，若圆柱体的密度 ρ 已知，将式(4-4)变换为

$$\rho_0 = \rho(m - M')/m$$

由 ρ、m、M' 就可求出液体的密度 ρ_0，再用重度计插入盐水中，测其密度，进行比较。

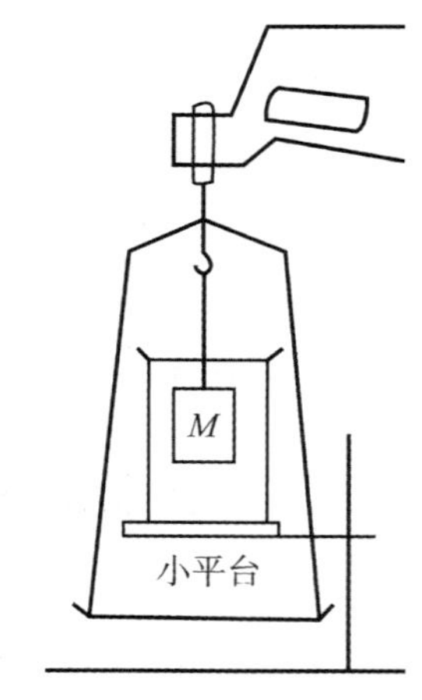

图 4-2　流体静力称衡法

3. 比重瓶法测液体密度

用分析天平先称出空比重瓶的质量 m，再用移液管将被测液体注入瓶中，称得质量为 M；然后，将此液体倒出比重瓶，用清水洗干净，再注入蒸馏水，称得质量为 m_0；最后测量液温，计算在此温度下液体的密度。(测量数据表格自拟)

五、实验注意事项

1. 比重瓶外部必须擦干后才能称衡。
2. 不要用赤手紧握比重瓶；耐心消除瓶内附着的小气泡。
3. 水不要洒在天平和砝码上。
4. 比重瓶与瓶塞号码要一致，不得混乱。

六、实验思考题

1. 测量物质的密度，你能提出几种实验方法？举例说明，流体静力称衡法与比重瓶法各有什么特点？又有什么共同点？

2. 实验时，为什么不要用赤手去拿比重瓶？

3. 比重瓶法测液体密度，如果盛盐水时瓶内有一个 1mm^3 的气泡，估算一下会给实验带来多大误差？如果瓶和缝隙间的水没有吸净，折合质量为 0.1g，会给实验带来多大误差？

4. 有一空心铁球，要测出空心部分的体积，请提出简易方案，最好实际做一做。

5. 用比重瓶测量小铝块的比重，请提出使用的仪器用具，说明详细方法步骤，再试一试。

实验五　单　　摆

一、实验目的

1. 了解并掌握用单摆测本地区的重力加速度；
2. 学习用光电计时器测定单摆的振动周期；
3. 学习使用最小二乘法处理实验数据。

二、实验仪器用具

FB210F 型单摆/自由落体组合实验仪、FB2123A 计时计数微秒仪、米尺、游标卡尺、小球等。

三、实验原理

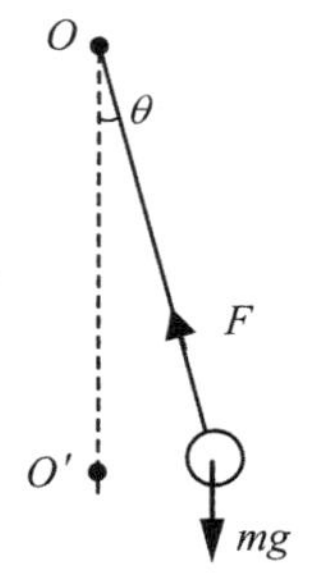

图 5-1　单摆

用一个不可伸长的轻线悬挂一个小球，做幅角 θ 很小的摆动就是单摆(见图 5-1)。设小球的质量为 m，半径为 r，其质心到摆的支点 O 的距离为 l。作用在小球上的切向力的大小为 $mg\sin\theta$，它总指向平衡点 O'。当 θ 角很小时，则 $\sin\theta \approx \theta$，切向力的大小为 $mg\theta$，按牛顿第二定律，质点的运动方程为

$$ma_{切} = -mg\theta \tag{5-1}$$

$$ml\frac{\mathrm{d}^2\theta}{\mathrm{d}t^2} = -mg\theta \tag{5-2}$$

$$\frac{\mathrm{d}^2\theta}{\mathrm{d}t^2} = -\frac{g}{l}\theta \tag{5-3}$$

则简谐振动角频率

$$\omega = \sqrt{\frac{g}{l}} \tag{5-4}$$

$$T = 2\pi\sqrt{\frac{l}{g}} \tag{5-5}$$

$$l = r + l_{线} \tag{5-6}$$

$$g = \frac{4\pi^2(l_{线} + r)}{T^2} \tag{5-7}$$

四、实验内容及步骤

1. 固定摆长，把光电门移动到摆球摆动时能够挡光且不会碰到的合适位置，以悬线摆球作为铅垂线，调节实验转置底座水平调节螺丝，保证仪器立柱处于垂直状态。

2. 用米尺测量摆线长度。

3. 用螺旋测微器测量小球的直径。

4. 打开计时计数毫秒仪，选择功能为测周期。测 n 次摆动所用时间 t。先让小球摆动起来，确定小球在一个平面内做简谐振动后，再启动周期测定功能。

5. 改变线长，重复第 4 个步骤。

6. 计算重力加速度及不确定度。

7. 作 $T^2 \sim l$ 图，给出 T 、l 的关系。

五、实验思考题

摆球没有做标准的竖直平面内的单摆运动，而做幅度较小的圆锥摆运动，会对结果产生影响吗？如何避免这种情况呢？

实验六　复　　摆

一、实验目的

1. 研究复摆的摆动周期与摆动轴位置的关系；
2. 利用复摆测重力加速度、回转半径和过质心的转动惯量；
3. 用作图法和最小二乘法研究问题和处理数据。

二、实验仪器用具

复摆实验仪、水准器、电子天平、支架、数字毫秒计。

三、实验原理

复摆实验仪装置如图 6-1 所示。

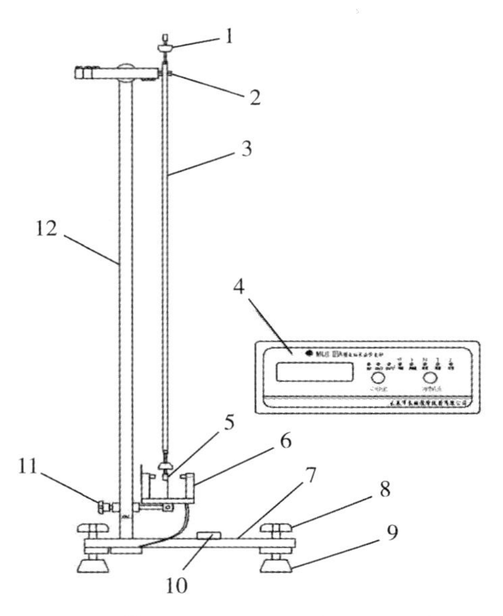

1—微调螺母；2—刀口；3—摆体；4—计时器、数字毫秒计；5—挡光杆；6—光电门；7—底座；8—调平手轮；9—调平底脚；10—水准器；11—锁紧手轮；12—立柱

图 6-1　复摆实验仪

在重力作用下，绕固定水平转轴在竖直平面内摆动的刚体称为复摆(见图6-2)。设一摆体的质量为m，其中心G到转轴的距离为h，g为重力加速度，在它运动的某时刻t，与铅垂线的夹角为θ，相对于O轴的恢复力矩为

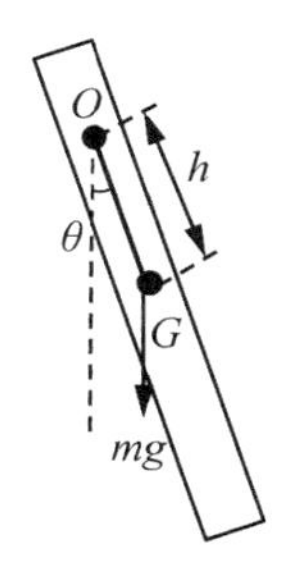

图6-2 复摆

$$M = - mgh\sin\theta \tag{6-1}$$

根据刚体定轴转动定理

$$M = I\beta \tag{6-2}$$

式中，M为复摆所受外力矩，I为复摆对O轴的转动惯量，β为复摆绕O轴转动的角加速度。

$$\beta = \frac{d^2\theta}{dt^2} \tag{6-3}$$

将式(6-1)和式(6-3)代入式(6-2)得，

$$I\frac{d^2\theta}{dt^2} + mgh\sin\theta = 0 \tag{6-4}$$

当摆角很小时，$\sin\theta \approx \theta$，则式(6-4)可写为

$$\frac{d^2\theta}{dt^2} + \frac{mgh}{I}\theta = 0 \tag{6-5}$$

解得

$$\theta = A\cos(\omega t + \varphi_0) \tag{6-6}$$

式中，A和φ_0由初始条件决定；ω是复摆振动的角频率，$\omega = \sqrt{\frac{mgh}{I}}$，则复摆的摆动周期为

$$T = 2\pi\sqrt{\frac{I}{mgh}} \tag{6-7}$$

设复摆对通过质心G平行O轴的转动惯量为I_G，根据平行轴定理，

$$I = I_G + mh^2 \tag{6-8}$$

I_G又可写成$I_G = mk^2$，则式(6-7)可改成为

$$T = 2\pi\sqrt{\frac{k^2 + h^2}{gh}} \tag{6-9}$$

式中，k为复摆对G轴的回转半径。

四、实验内容及步骤

1. 用电子天平测摆体的质量。
2. 测摆体的重心G的位置(见图6-3)。

将摆体置于支架的刀刃上，以摆杆中心“O”为基准点，即为复摆的重心位置调整微螺母，确定中心与桌面上刃口的平衡位置，此时微调螺母调整好后位置保持不变。

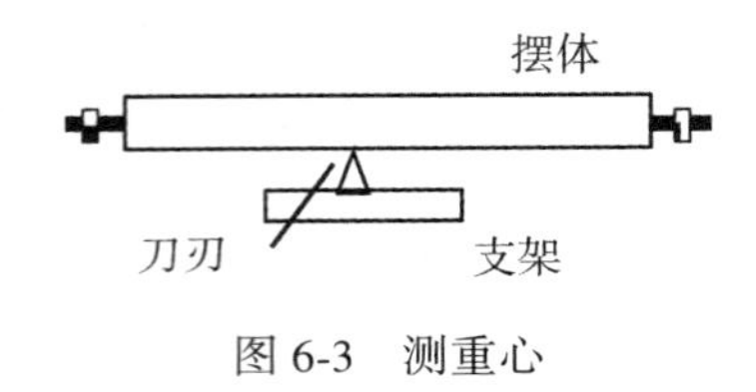

图 6-3　测重心

3. 调水平。

(1)将水平泡放到底座上，调节调平手轮。当水平泡中的气泡在中间时，底座处于水平状态。

(2)将复摆一端第一个悬孔装在摆架的刀刃上，调节螺丝，使刀刃水平，摆体竖直。

4. 不同悬挂点的复摆周期。

摆体上每个孔的位置为10mm，将摆体的每个孔依次悬挂在三角刀口上(正挂或倒挂)，调整好挡光杆与光电门的位置确保计数准确，同时与参考摆杆的位置参照刻尺，以小摆幅摆动，用数字毫秒计对每一个孔的振动周期进行测定，并读出每一孔(孔内径与刀口接触点)到复摆重心的距离。

5. 作出 $T\sim h$ 图。

6. 将式(6-9)改写为

$$T^2 h = \frac{4\pi^2}{g}k^2 + \frac{4\pi^2}{g}h^2 \tag{6-10}$$

令 $y = h^2$，$x = T^2 h$，则

$$y = -k^2 + \frac{g}{4\pi^2}x \tag{6-11}$$

用最小二乘法求出拟合直线 $y = A + Bx$ 的 $A(=-k^2)$ 和 $B\left(=\frac{g}{4\pi^2}\right)$，再由 B 求出 g，由 A 求出 k 值，并计算 g 的不确定度，最后求出 I_G 值。

五、实验思考题

分析 T 值取极小的条件。

实验七　碰 撞 实 验

一、实验目的

1. 验证动量守恒定律；
2. 了解非完全弹性碰撞与完全弹性碰撞的特点。

二、实验仪器用具

气垫导轨、气源、滑块、光电门、数字毫秒计、橡皮泥、电子天平等。

三、实验原理

当两滑块在水平的导轨上沿直线做对心碰撞时，若略去滑块运动过程中受到的黏性阻力的影响，则两滑块在水平方向上除受到碰撞时彼此相互作用的内力，不受其他外力作用。根据动量守恒定律，两滑块的总动量在碰撞前后保持不变。

如图 7-1 所示，滑块 1 和滑块 2 的质量分别为 m_1 和 m_2，碰撞前两滑块的速度分别为 v_{10} 和 v_{20}，碰撞后的速度分别为 v_1 和 v_2，根据动量守恒定律有

$$m_1v_{10} + m_2v_{20} = m_1v_1 + m_2v_2 \tag{7-1}$$

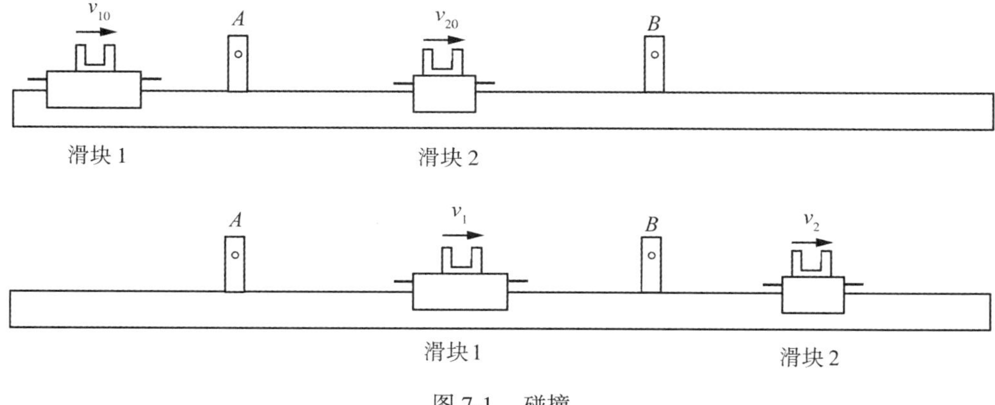

图 7-1　碰撞

若取 $v_{20}=0$，则

$$m_1v_{10}=m_1v_1+m_2v_2 \tag{7-2}$$

碰撞后的相对速度与碰撞前的相对速度的比值称为恢复系数，用 e 表示，即

$$e=\frac{v_2-v_1}{v_{10}} \tag{7-3}$$

当 $e=1$ 时为完全弹性碰撞，$e=0$ 时为完全非弹性碰撞，一般 $0<e<1$ 为非完全弹性碰撞。

1. 非完全弹性碰撞

碰撞前后动能的变化为

$$\Delta E_k=\frac{1}{2}m_1v_1^2+\frac{1}{2}m_2v_2^2-\frac{1}{2}m_1v_{10}^2 \tag{7-4}$$

2. 完全非弹性碰撞

此时 $e=0$，推动滑块 1 去碰撞滑块 2，碰撞后两滑块粘在一起以同一速度 v_2 运动。

碰撞前后的动量关系为

$$m_1v_{10}=(m_1+m_2)v_2 \tag{7-5}$$

碰撞前后动能的变化为

$$\Delta E_k=\frac{1}{2}(m_1+m_2)v_2^2-\frac{1}{2}m_1v_{10}^2 \tag{7-6}$$

四、实验过程

1. 调平气垫导轨

调平气垫导轨，检查滑块碰撞是否对心碰撞。

2. 非完全弹性碰撞

(1)用天平称滑块的质量。(要求 $m_1>m_2$)

(2)打开气源，调节光电门。两光电门位置要适当，能顺序测出滑块 1 的两个速度和滑块 2 的速度。滑块 1 的质量要比滑块 2 的质量大。

(3)将橡皮筋装在滑块 1 上。让滑块 2 静止在两个光电门之间，滑块 1 用装有橡皮筋的一边碰撞滑块 2。测出碰撞前后滑块 1 和滑块 2 的速度。重复做 10 次。

3. 完全非弹性碰撞

(1)用天平称滑块的质量。

(2)将滑块 1 粘上橡皮泥。滑块 2 静止在两个光电门之间，然后用滑块 1 对滑块 2 进行碰撞。碰撞后，滑块 1 和滑块 2 粘在一起共同运动。测出碰撞前后滑块 1 和滑块 2 的速度。重复做 10 次。

4. 计算结果与分析

(1)两类碰撞，碰撞前的动量和与碰撞后的动量和之比 $C=\dfrac{m_1v_{10}}{m_1v_1+m_2v_2}$。

(2)两类碰撞，碰撞前后动能的变化。

(3)非完全弹性碰撞时的恢复系数。

(4)对实验结果进行分析和评价。

五、实验思考题

1. 若取 $m_1 = m_2$，$v_{20} = 0$，认为 $v_1 = 0$，将会有多大的误差？
2. 当取 $m_1 < m_2$ 进行碰撞时，其测量误差与 $m_1 > m_2$ 相比，哪一种的误差小一些？
3. 你如何理解完全弹性碰撞和非完全弹性碰撞的差异？

实验八　自由落体

一、实验目的

1. 学习用自由落体的物体测量重力加速度；
2. 学会用逐差法处理实验数据。

二、实验仪器用具

自由落体实验仪、数字毫秒计、米尺、螺旋测微器、小球。

三、实验原理

自由落体的重力加速度是由重力产生的，其根本原因是由万有引力产生的。重力加速度在地球各点的数值是不相同的，随着纬度、海拔及地质构造的不同而不同。因此测量重力加速度有着非常重要的意义。

小球从 A 点沿竖直方向自由下落，将两个光电门分别放在 B、C 处，记下 BC 之间的距离 s(见图 8-1)。一段时间后，小球在 B 点的速度为 $\boldsymbol{v}_0$，物体移动了位移所用时间为 t，则

$$s = v_B t + \frac{1}{2}gt^2 \tag{8-1}$$

两边同时除以 t，得

$$\frac{s}{t} = v_0 + \frac{1}{2}gt \tag{8-2}$$

设 $x = t$，$y = \frac{s}{t}$，则

$$y = v_0 + \frac{1}{2}gt \tag{8-3}$$

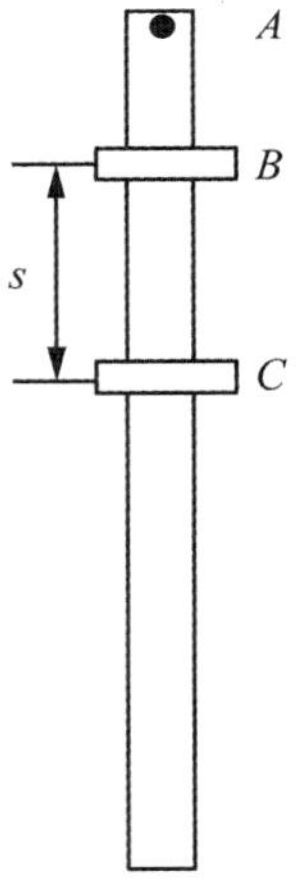

用 $x = t$ 和 $y = \frac{s}{t}$ 进行直线拟合，设所得斜率为 b，则

$$g = 2b \tag{8-4}$$

A
B
s
C

图 8-1　自由落体

四、实验内容及步骤

1. 调节调平螺丝，使立柱为铅直，使小球能通过光电门 B 和光电门 C 的中点。
2. 用直尺测量 B、C 的间距。
3. 测量小球从 B 到 C 通过的时间。
4. 改变光电门 C 的位置，重复步骤 3。
5. 用最小二乘法做直线拟合，求出斜率 b 及其标准差。
6. 计算 g 值及其标准不确定度。

五、实验思考题

在实际测量过程中，两个光电门的距离过小，则会产生较大的误差，这是为什么?

实验九　液体表面张力的测定

一、实验目的

1. 室温下，用拉脱法测量水的表面张力系数；
2. 学习焦利氏秤的使用方法。

二、实验仪器用具

焦利氏秤、砝码、温度计、游标卡尺、螺旋测微器、水、金属框、电子天平等。焦利氏秤结构如图 9-1 所示。

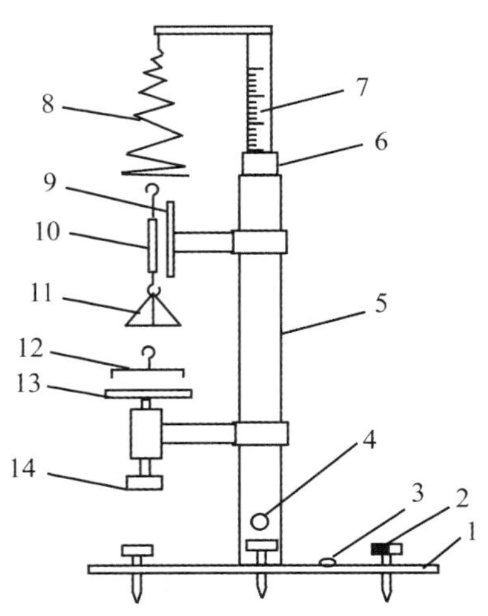

1—三足座；2—水平螺丝；3—圆形水准器；4—调节刻度管升降旋钮；
5—套筒；6—十分度游标卡尺；7—刻有毫米刻度尺的金属管；
8—弹簧；9—带刻线的平面镜；10—指示挂钩；11—小秤盘；
12—金属丝；13—平台；14—旋钮

图 9-1　焦利氏秤

三、实验原理

如图 9-2 所示，如果在液体表面存在一条分界线 MN，分液体表面为 A、B 两部分，这两部分表面层中的分子存在相互作用的引力，此二力大小相等，方向相反，垂直于分界线 MN，沿着液体表面分别作用在表面层相互接触部分。这一对力叫作液体的表面张力，它正比于表面层分界线的长度，即：

$$f = \alpha L_{MN} \tag{9-1}$$

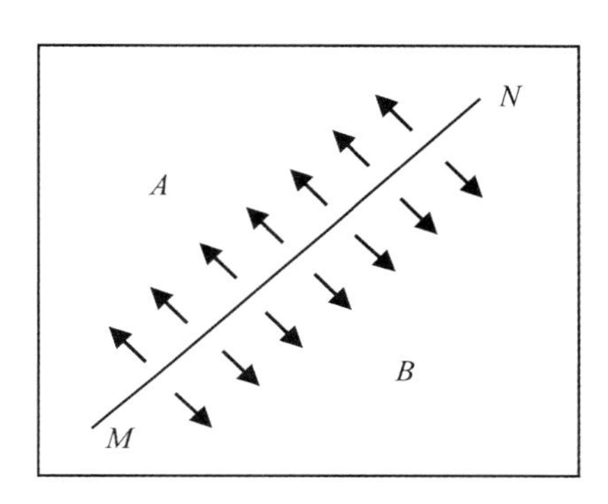

图 9-2　液体表面张力

式中，比例系数 α 是表征表面张力特性的物理量，称为液体的表面张力系数，数值上等于沿液体表面作用在单位长度上的力，单位为牛顿每米(N/m)。表面张力系数 α 与液体种类、纯度、温度和它上方的气体成分有关。为了测得液体的表面张力系数，将一表面洁净的 U 形金属丝竖直地浸入液体中，令其底面保持水平，然后轻轻提起。由于表面张力的作用，金属丝四周将带起一部分液膜，液面呈弯曲形状，如图 9-3 所示。这时，金属丝框在竖直方向的受力为重力 mg，m 为金属框的质量；向上的拉力为 F；金属框所受的表面张力为 $2f\cos\theta$，θ 为液体表面与金属框的接触角，考虑 θ 很小，$\cos\theta = 1$，$2f\cos\theta = 2\alpha(d + l)$；金属丝浸没在液体中部分所受的浮力为 $2\pi ad^2\rho g$，a 为金属丝浸没在液体中部分长度，d 为金属丝的直径，ρ 为待测液体的密度，g 为当地的重力加速度；金属丝所黏附液体的质量为 $ldh\rho g$，l 为金属丝的长度即 $l = LL'$，h 为液膜拉脱前的高度。

当金属丝脱离液体前力平衡条件：

$$F + 2\pi ad^2\rho g = 2\alpha(d + l) + mg + ldh\rho g \tag{9-2}$$

$$\alpha = \frac{F - mg + 2\pi ad^2\rho g - ldh\rho g}{2(d + l)} \tag{9-3}$$

当在弹簧下端砝码盘内加入砝码时，弹簧受力而伸长。由胡克定律知，在弹性限度内对弹簧所施外力 F 与弹簧伸长量 Δx 成正比，即：

$$F = k\Delta x \tag{9-4}$$

式中，k是弹簧的劲度系数，对于一个指定的弹簧而言，k值是一定的。如果将已知重量的砝码加在砝码盘中，测出弹簧的伸长量 Δx，由式(9.4) 即可算出弹簧的弹性系数 k 值，这一步骤称为焦利氏秤的校准。校准后只要测出弹簧伸长量 Δx，就可算出弹簧上的外力。

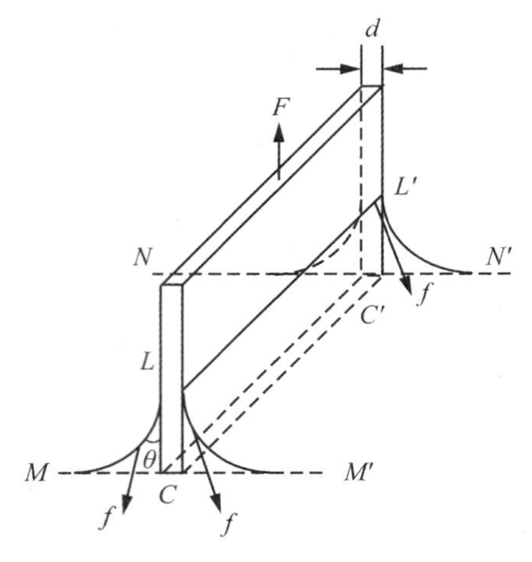

图 9-3　液膜的表面张力

由于在液膜破裂时，金属丝所受的浮力很小，可以忽略不计，则液体表面张力系数为

$$\alpha = \frac{(F - mg) - ldh\rho g}{2(d + l)} \tag{9-5}$$

四、实验内容及步骤

1. 焦利氏秤的安装与调节。

首先从元件盒中轻轻取出弹簧(切忌用力拉弹簧，以免损坏)，指示挂钩、砝码盘等按图 9-1 所示装上焦利氏秤，然后，调节三足底座的水平螺丝，观察圆形水准器，将焦利氏秤立柱调成铅直，使指示挂钩平行于平面镜。调节图 9-1 旋钮 4 的升降，使“三线重合”(指示挂钩刻线、平面镜刻线、指示挂钩刻线在平面镜中的像线)，记下初读数 x_0。

2. 焦利氏秤校准。

每次将 0. 1g 的砝码加入小秤盘中，每加 0. 1g，调整一次旋钮 4，使“三线重合”，分别记下 x_1，x_2，x_3，…，x_n 等各项读数，一直加到 1. 0g 为止。再依次减少 0. 1g 砝码，每减少 0. 1g 调整一次旋钮 4，使“三线重合”，然后读数，并记录。(注：每次读取 x_n 值时，都必须调到“三线重合”)求出相同砝码重量下的两次读数的平均值，再用逐差法处理数据，求得 k 和 Δk。$\Delta_{仪} = 5 \times 10^{-5} m$，数据表格自拟。

3. 测定液体表面张力系数。

(1)检查并调整金属丝的直角使之对称，并用酒精将其仔细擦净，然后用镊子将金属丝挂在指示挂钩下端的小钩上。

(2)将盛有待测液体的玻璃皿放在平台上，转动旋钮14使平台升起，直到金属丝全部浸入液体中。然后慢慢地降下平台，使金属丝刚好在液面上，并做到“三线重合”，记下此时的读数 x'_0。此时金属丝受力平衡条件为：

$$k(x'_0 - N) = mg \tag{9-6}$$

式中，N 为弹簧未加金属丝的读数。

(3)测水膜的高度 h 和 $F - mg$。

当金属线框刚好达到水面时，用游标卡尺记下旋钮14的位置 s_1，继续转动旋钮14，直至水膜破裂为止，记下金属管6上的刻度值 x'_0 和旋钮14的位置 s_2。

$$h = |s_1 - s_2| \tag{9-7}$$

用纸吸去金属丝上的小水珠，转动4使金属丝缓缓下降，直至“三线重合”，读出金属管6上的值为 x' 。

$$\Delta x = |x' - x'_0| \tag{9-8}$$

重复5次，取平均值。

4. 用游标卡尺测出金属丝长度 l 及金属丝的直径 d 。

5. 计算水的表面张力系数及标准不确定度。

五、注意事项

1. 弹簧是易损元件，不要用力拉弹簧以免超过弹性限度，产生残余形变。

2. 测量表面张力时，动作要缓慢。调节“三线重合”时，一定要用两手同时操作旋钮14和旋钮4，并且在液膜快要破裂时，更要小心。另外，还要避免液面及外界震动震破液膜。

六、实验思考题

1. 焦利氏秤为什么要用“三线重合”的方法进行测量？

2. 求弹簧的弹性系数时，除了用逐差法，还可以用作图法求得吗？

3. 在慢慢向上拉金属丝的过程中，拉力 F 是怎么变化的？

实验十　惯性质量的测定

一、实验目的

1. 了解惯性秤的构造并掌握用标准砝码对惯性秤定标的方法；
2. 掌握用已定标的惯性秤测量待测物体的惯性质量；
3. 研究物体的惯性质量与引力质量之间的关系。

二、实验仪器用具

惯性秤、周期测定仪、定标用标准质量块、水准器、待测圆柱体。

三、实验原理

惯性秤结构如图 10-1 所示。

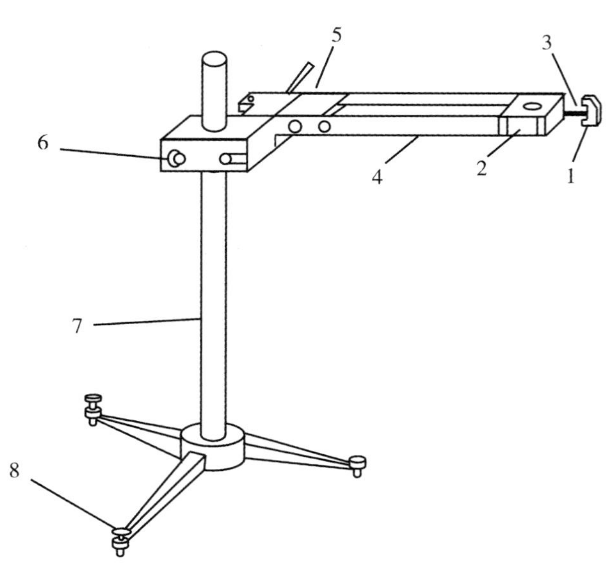

1—光电门；2—秤台；3—挡光片；4—秤臂；5—固定螺栓；6—秤座；7—柱体；8—调平底座螺丝

图 10-1　惯性秤

惯性质量和引力质量是两个不同的物理概念。万有引力方程中的质量称为引力质量，它是一个物体与其他物体相互吸引性质的量度，用天平称衡的物体就是物体的引力质量；牛顿第二定律的质量称为惯性质量，它是物体的惯性度量，用惯性秤称衡的物体质量就是物体的惯性质量。

当惯性秤沿水平固定后，将秤台沿水平方向推开约1cm，手松开后，秤台及其上面的负载将左右振动。它们虽同时受重力及秤臂的弹性恢复力的作用，但重力垂直于运动方向，与物体运动的加速度无关，而决定物体加速度的只有秤臂的弹性恢复力。在秤台上负载不大且秤台的位移较小的情况下，实验证明可以近似地认为弹性恢复力和秤台的位移成比例，即秤台是在水平方向作简谐振动。设弹性恢复力 $F=-kx$（k 为秤臂的弹性系数，x 为秤台质心偏离平衡位置的距离）。根据牛顿第二定律，可得

$$(m_0+m)\frac{d^2x}{dt^2}=-kx \tag{10-1}$$

式中，m_0 为秤台的惯性质量，m 为砝码或待测物的惯性质量。整理式(10-1)两侧，得

$$\frac{d^2x}{dt^2}+\frac{k}{m_0+m}x=0 \tag{10-2}$$

方程的解为

$$x=A\cos\omega t\text{（设初相位为零）} \tag{10-3}$$

式中，A 为振幅，其圆频率 $\omega=\sqrt{\frac{k}{m_0+m}}$，则周期为

$$T=2\pi\sqrt{\frac{m_0+m}{k}} \tag{10-4}$$

将上式两侧平方，可改写成

$$T^2=\frac{4\pi^2}{k}m_0+\frac{4\pi^2}{k}m \tag{10-5}$$

惯性秤水平振动周期 T 的平方与附加质量 m 呈线性关系。当测出 m 对应的周期，可作 $T^2\sim m$ 直线图，这就是该惯性秤的定标曲线，如需测量某物体的质量，可将其置于惯性秤台上，测出周期，就可以从定标曲线上查出对应的质量。

四、实验过程

1. 调水平

调天平的底脚螺丝，观察圆形水准器，使平台处于水平状态。

2. 惯性秤的定标

(1)检测标准质量块的质量是否相等。

将标准质量块置于秤台上，把周期测定仪的周期选择开关拨在10个周期的位置。然后，将惯性秤的秤台沿水平方向稍微拉开一小段距离(约1cm)再放开，任其振动。启动周期测定仪测其周期。

(2)测 $T^2 \sim m$ 定标曲线。

用周期测定仪先测量空载时的振动周期，然后逐次增加片状砝码，直到增加到 10 个，依次测量出振动周期，算出每次振动的周期 T_i。

(3)求出 $T^2 = a + bm$ 的参数 a、b 值。

3. 测圆柱体 1 和圆柱体 2 的质量

取下 10 个砝码，分别将大圆柱体、小圆柱体放入秤台圆孔中，测定其周期，根据定标曲线求出其质量。

五、实验思考题

1. 惯性秤称物体的质量有哪些优势？
2. 如何获得振动体空载时的等效质量？

实验十一　落球法测液体黏滞系数

一、实验目的

1. 了解用斯托克斯公式测液体黏滞系数的原理；
2. 掌握落球法测定液体的黏滞系数。

二、实验仪器用具

量筒、秒表、螺旋测微器、游标卡尺、比重计、温度计、天平、小球、镊子、直尺、蓖麻油。

三、实验原理

当半径为 r 的光滑圆球，以速度 v 在均匀的无限宽广的液体中运动时，若速度不大，球也很小，在液体中不产生涡流的情况下，斯托克斯指出，球在液体中所受到的阻力 F 为

$$F = 6\pi\eta vr \tag{11-1}$$

式中，η 为液体的黏度，此式称为斯托克斯公式。阻力 F 的大小和物体运动速度成正比。

当质量为 m、体积为 V 的小球在密度为 ρ 的液体中下落时，作用在小球上的力有三个，即：① 重力 mg；② 液体的浮力 ρVg；③ 液体的黏性阻尼力 $6\pi\eta vr$。这三个力都作用在同一铅直线上，重力向下，浮力和阻力向上(图 11-1)。球刚开始下落时，速度 v 很小，阻尼力不大，小球做加速下降。随着速度的增加，阻尼力逐渐加大。速度达一定值时，阻尼力和浮力之和将等于重力，那时物体运动的加速度等于零，小球开始匀速下落，即

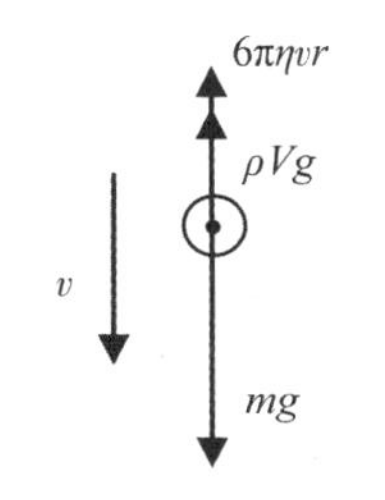

图 11-1　球的受力示意图

$$mg = \rho Vg + 6\pi\eta vr \tag{11-2}$$

此时的速度称为终极速度。由此式可得

$$\eta = \frac{(m - \rho V)g}{6\pi vr} \tag{11-3}$$

将 $V = \frac{4}{3}\pi r^3$ 代入式(11-3) 中，可得

$$\eta = \frac{\left(m - \frac{4}{3}\pi r^3 \rho\right)g}{6\pi vr} \tag{11-4}$$

由于液体在容器中，不满足无限宽广的条件，这时实际测得的速度和理想条件下的速度之间存在如下关系：

$$v = v_0\left(1 + 2.4\frac{r}{R}\right)\left(1 + 3.3\frac{r}{h}\right) \tag{11-5}$$

式中，r 为量筒的内半径，h 为筒中液体的深度，则

$$\eta = \frac{(m - \rho V)g}{6\pi r v_0\left(1 + 2.4\frac{r}{R}\right)\left(1 + 3.3\frac{r}{h}\right)} \tag{11-6}$$

实际小球在下落过程中存在涡流，因此要进行修正。已知雷诺系数 Re 为

$$Re = \frac{2rv_0\rho}{\eta} \tag{11-7}$$

当雷诺系数不大时($Re < 10$)，斯托克斯公式修正为：

$$F = 6\pi vr\eta\left(1 + \frac{3}{16}Re - \frac{19}{1280}Re^2\right) \tag{11-8}$$

则修正后的黏度测得值 η_0 为：

$$\eta_0 = \eta\left(1 + \frac{3}{16}Re - \frac{19}{1280}Re^2\right)^{-1} \tag{11-9}$$

四、实验过程

1. 用天平称 10 个小球的质量 m'。

2. 用千分尺测量小球的直径 d。

3. 用温度计测量油温，在全部小球下落完后再测一次油温，取平均值。

4. 将比重计放入蓖麻油内，读出蓖麻油的密度 ρ。

5. 在圆筒油面下方 7～8cm 处和筒底上方 7～8cm 处，分别标记 N_1 和 N_2，如图 11-2 所示。用直尺测量 N_1、N_2 之间距离 l 和油深 h。

6. 用游标卡尺测量油筒内半径、油筒内直径 D。

7. 用镊子取一个小球，在油筒中心轴线处放入油中，用秒表测出小球通过 N_1、N_2 时的时间 t。逐一测量，求出 t 的平均

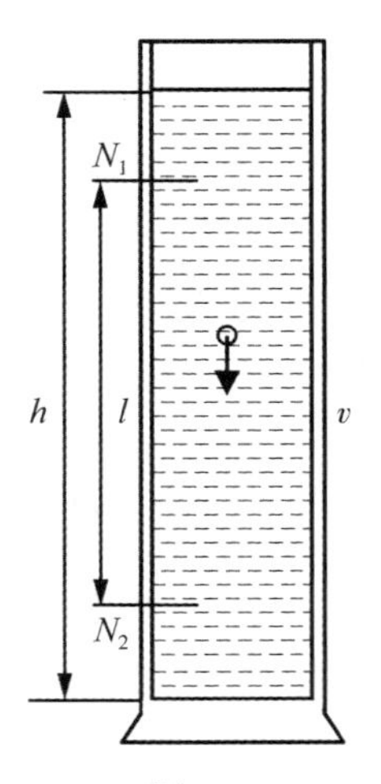

图 11-2

值，再求出 v_0。

五、注意事项

1. 读温度时不要将温度计提出瓶外。
2. 实验结束后，用磁铁一次性将钢球全部吸出，擦干净放回，中途不得吸取小球。

六、实验思考题

1. 如果投入的小球偏离中心轴线，将会有什么影响？
2. 如何保证小球沿中心轴线下落？

实验十二　混合法测固体的比热容

一、实验目的

1. 掌握基本的量热方法——混合法；
2. 测量金属比热容；
3. 学习一种散热的修正方法——温度修正。

二、实验仪器用具

量热器、温度计、待测金属、蒸锅、电炉、秒表、物理天平等。

三、实验原理

一物体吸收或放出热量时，它的温度就要发生变化。单位质量的物体温度升高(或降低)1℃吸收(或放出)的热量叫作该物体的比热容，比热容与物体的性质有关，不同物体有不同的比热容，同一物体在不同温度下，其比热容也不同，但在室温附近几十度的范围内，比热容 c 可以认为是常数，即 $c=\dfrac{Q}{m\Delta t}$。这里 m 为物质质量，t 是温度的改变量，Q 为吸收(或放出)的热量。c 的单位为 J/(kg·℃)。

实验根据热平衡原理，用混合量热法，在量热器中进行。设待测金属质量为 m，温度为 t_2，比热容为 c_x；已知热容的系统 B 包括：① 量热器内筒，质量为 m_1，比热容为 c_1；② 搅拌器，质量为 m_2，比热容为 c_2；③ 内筒中的水，质量为 m_0，比热容为 c_0；④ 温度计，比热容为 δ_m。系统 B 的初温为 t_1，与金属混合后的平衡温度为 t，由热平衡方程得到：

$$c_x=(m_0c_0+m_1c_1+m_2c_2+\delta_m)(t-t_1)/[m(t_2-t)] \tag{12-1}$$

式中，$\delta_m=1.9V\text{J}/(\text{cm}^3\cdot℃)$，$V$ 为水银温度计浸入液体部分的体积，单位是 cm^3。

实验安排可以有许多种：①混合的安排：水放在量热器内，再投入金属；金属放在量热器内，再倒入水；金属加水放在量热器内，再倒入一些水等。②温度的选择：金属用沸水或蒸气加热，室温，用任意温度的水加热；水可用冰水、沸水、室温水等。③水的质量、金属的质量也可任意选择。

实验如何安排，可以从误差分析入手。例如，将 $m=50\text{g}$，$t_2=50℃$ 的铜块投入 $m_0=100\text{g}$，$t_1=10℃$ 的水中，暂时忽略量热器等的热容，则可以估算铜块的比热容为 $c_x=m_0c_0(t-t_1)/[m(t_2-t)]$ 。相对误差为：

$$\frac{\Delta c_x}{c_x}=\frac{\Delta m_0}{m_0}+\frac{\Delta m}{m}+\frac{\Delta t_2+\Delta t}{t_2-t}+\frac{\Delta t+\Delta t_1}{t-t_1} \tag{12-2}$$

因 $\frac{\Delta m_0}{m_0}$ 和 $\frac{\Delta m}{m} \ll \frac{\Delta t}{t}$，所以 $\frac{\Delta c_x}{c_x}=\frac{\Delta t_2+\Delta t}{t_2-t}+\frac{\Delta t+\Delta t_1}{t-t_1}$。设 $c_x=0.4\text{J}/(\text{g}\cdot℃)$，则 $t=12℃$，如果温度测量误差为 0.1℃，则 $\frac{\Delta c_x}{c_x}=\frac{0.2}{2}+\frac{0.2}{38}=10\%$。

由此可知，误差主要来自温度测量，加大温差可以减小误差。增加铜块质量，提高其温度或减少水的质量，可以加大温度差。但是必须注意其他方面，如水不能太少以致不能浸没金属块，金属块不能太大以致量热器中容不下，温度不能过高，否则热量损失太大，等等。为了选择较好的实验方案，必须综合权衡，多方比较，甚至要进行实测试探。

由于实验过程中系统与环境间总是存在一定的热交换，所以破坏了式(12-1)成立的条件，为了减小其影响必须进行温度修正。

这里介绍一种简单但较粗略的散热修正法，即把系统温度推到假定与外界的热交换进行得无限快(这意味着系统无热损失)的方法。图 12-1 是系统温度 t 随时间 τ 变化的曲线，系统 B 的温度随时间变化的关系如线段 AB 所示，在时刻 τ_B(对应曲线上点 B)，系统 B 与 A 混合，其温度随时间的变化关系如 $BGCD$ 所示。外推的方法是，将 AB 外推到 E，DC 外推到 F，作与时间坐标 τ 垂直的线段 EGF，使面积 GBE 和面积 CFG 相等(粗略估计，目测即可)，这样 E 点和 F 点相应的温度就是热交换进行得无限快的初温和终温了。

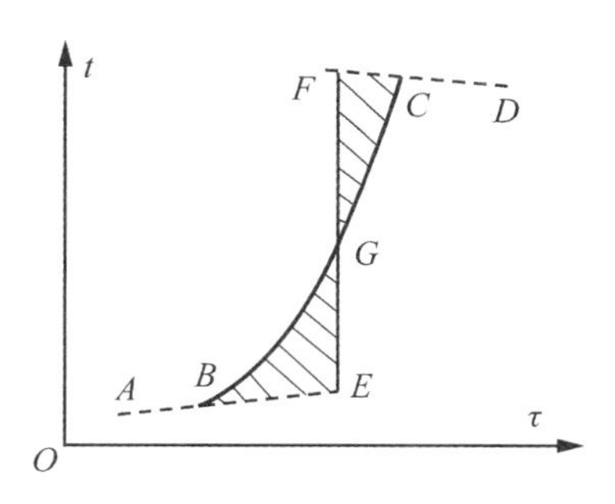

图 12-1　系统温度 t 随时间 τ 变化

四、内容和步骤

1. 对混合方式进行误差分析，确定实验方案。

2. 进行参量选择(水的质量、温度,待测金属的质量、温度)。

3. 试做并调整方案,先粗做,再细做,并进行散热修正。

4. 对测量结果进行分析,讨论产生误差的原因。

五、实验思考题

1. 根据实验条件说明你所选择的方案的理由。

2. 如果混合前两个系统的温度都在变化,如何测准初温?能否设法避免这种情况?

3. 证明图 12-1 中,当面积 *BEG* 与 *CFG* 相等时 *E* 点和 *F* 点的温度就是热交换进行得无限快的初温与终温。

4. 由玻璃的比热容(0.80J/(g·℃))、密度($2\sim5$g/cm^3)和水银的比热容(0.14J/(g·℃))、密度(13.6g/cm^3)导出温度计的比热容公式。$\delta_m=1.9V$J/(cm^3·℃)。

实验十三　冷却法测金属的比热容

一、实验目的

1. 通过实验了解金属的冷却速率和它与环境之间的温差关系及用冷却法进行金属的比热容测量的实验条件；

2. 测定铜、铁、铝的比热容。

二、实验仪器用具

冷却法测金属比热容测量仪、标准金属样品、待测金属样品、冰水混合物。

三、实验原理

单位质量的物质，其温度每升高 1K(1℃)所需的热量叫作该物质的比热容，其值随温度而变化。根据牛顿冷却定律，用冷却法测定金属的比热容是测量热学量的常用方法之一。若已知标准样品在不同温度的比热容，通过作冷却曲线可测量各种金属在不同温度时的比热容。将质量为 M_1 的金属样品加热后，放在较低温度的介质(例如室温的空气)中，样品将会逐渐冷却。其单位时间的热量损失$\left(\frac{\Delta Q}{\Delta t}\right)$与温度下降的速率成正比：

$$\frac{\Delta Q}{\Delta t} = c_1 M_1 \frac{\Delta \theta_1}{\Delta t} \tag{13-1}$$

式中，c_1 为该金属样品在温度 θ_1 时的比热容，$\frac{\Delta \theta_1}{\Delta t}$ 为该金属样品在 θ_1 时的温度下降速率，根据冷却定律有：

$$\frac{\Delta Q}{\Delta t} = a_1 S_1 (\theta_1 - \theta_0) b \tag{13-2}$$

式中，a_1 为热交换系数，S_1 为该样品外表面的面积，b 为常数，θ_1 为金属样品的温度，θ_0 为周围介质的温度。由式(13-1)和式(13-2)，可得

$$c_1 M_1 \frac{\Delta \theta_1}{\Delta t} = a_1 S_1 (\theta_1 - \theta_0) b \tag{13-3}$$

同理，对质量为 M_2、比热容为 c_2 的另一种金属样品

$$c_2 M_2 \frac{\Delta\theta_2}{\Delta t} = a_2 S_2(\theta_2 - \theta_0) b \tag{13-4}$$

由式(13-3)和式(13-4)可知

$$\frac{c_2 M_2 \frac{\Delta\theta_2}{\Delta t}}{c_1 M_1 \frac{\Delta\theta_1}{\Delta t}} = \frac{a_2 S_2(\theta_2 - \theta_0) b}{a_1 S_1(\theta_1 - \theta_0) b} \tag{13-5}$$

所以

$$c_2 = c_1 \frac{M_1 \frac{\Delta\theta_1}{\Delta t}}{M_2 \frac{\Delta\theta_2}{\Delta t}} \frac{a_2 S_2(\theta_2 - \theta_0)}{a_1 S_1(\theta_1 - \theta_0)} \tag{13-6}$$

若两个样品的形状尺寸都相同，即 $S_1 = S_2$；两个样品的表面状况也相同(如涂层、色泽等)，而周围介质(空气)的性质不变，则有 $a_1 = a_2$。当周围介质的温度不变(即室温 θ_0 恒定而样品处于相同温度 $\theta_1 = \theta_2$)时，

$$c_2 = c_1 \frac{M_1 \left(\frac{\Delta\theta}{\Delta t}\right)_1}{M_2 \left(\frac{\Delta\theta}{\Delta t}\right)_2} \tag{13-7}$$

已知标准金属样品的比热容 c_1、质量 M_1；待测样品的质量 M_2 及两样品在温度 θ 时冷却速率之比，就可以求出待测的金属材料的比热容 c_2。

四、内容和步骤

1. 用铜-康铜热电偶测量温度，而热电偶的热电势采用温漂极小的放大器和三位半数字电压表，经信号放大后输入数字电压表，显示的满量程为 20mV，读出的 mV 数通过查表即可方便地换算成温度值。

2. 选取长度、直径、表面光洁度尽可能相同的标准金属样品和待测金属样品，用物理天平或电子天平称出它们的质量 M。

3. “热电偶信号输出插座”与测试仪表的“信号输入”端用专用导线连接，热电偶冷端插入装有冰水混合物的容器中，测试仪表的“加热电源输出”“超温指示”与接线盒上的两插座专用导线连接。

4. 在基座上插入待测样品(样品的中心孔应插入热电偶)，然后转动升降调节手轮使整个加热装置下降并使铜管套入待测样品。

5. 开启测试仪电源，将“加热选择”开关置于“Ⅱ”挡，开始加热，并观察电压表的变化值。当电压值为 4.257mV 时，表示其加热温度已达到 120℃。此时将“加热选择”开关置于“断”挡，转动升降调节手轮使整个加热装置上升，让待测样品在防风容器内

自然冷却(一般容器不宜加盖，有利于保证不同样品降温时散热条件基本一致，避免引起附加测量误差。但若实验室内因电风扇造成空气流速过快，则应加上容器盖子，防止空气对流造成散热时间的改变)。当温度降到接近 102℃时开始按下“计时”按钮，记录测量样品从 102℃下降到 98℃所需时间 Δt 。每一样品重复测量 5 次。因为各样品的温度下降范围相同（$\Delta\theta$ = 102℃−98℃ = 4℃），则

$$c_2 = c_1 \frac{M_1\ (\Delta t)_2}{M_2\ (\Delta t)_1} \tag{13-8}$$

6. 计算被测金属的比热容及其标准不确定度。

五、实验注意事项

1. 仪器红色指示灯亮，表示连接线未接好或加热温度过高(>200℃)已自动保护。

2. 测量降温时间时，按“计时”或“暂停”按钮时动作应迅速、准确，以减小人为计时误差。

附表：

铜-康铜热电偶分度表

温度/℃	0	1	2	3	4	5	6	7	8	9
0	0	0.038	0.076	0.114	0.152	0.190	0.228	0.266	0.304	0.342
10	0.380	0.419	0.458	0.497	0.536	0.575	0.614	0.654	0.693	0.732
20	0.772	0.811	0.850	0.889	0.929	0.969	1.008	1.048	1.088	1.128
30	1.169	1.209	1.249	1.289	1.330	1.371	1.411	1.451	1.492	1.532
40	1.573	1.614	1.655	1.696	1.737	1.778	1.819	1.860	1.901	1.942
50	1.983	2.025	2.066	2.108	2.149	2.191	2.232	2.274	2.315	2.356
60	2.398	2.440	2.482	2.524	2.565	2.607	2.649	2.691	2.733	2.775
70	2.816	2.858	2.900	2.941	2.983	3.025	3.066	3.108	3.150	3.191
80	3.233	3.275	3.316	3.358	3.400	3.442	3.484	3.526	3.568	3.610
90	3.652	3.694	3.736	3.778	3.820	3.862	3.904	3.946	3.988	4.030
100	4.072	4.115	4.157	4.199	4.242	4.285	4.328	4.371	4.413	4.456
110	4.499	4.543	4.587	4.631	4.674	4.707	4.751	4.795	4.839	4.883
120	4.257									

注：铜-康铜热电偶在 100℃时(自由端温度为 0℃)，输出的温差电动势为 4.072mV。

实验十四　冷却法测液体的比热容

一、实验目的

1. 用冷却法测定液体的比热容，并了解比较法的优点和条件；
2. 用最小二乘法求经验公式中直线的斜率；
3. 用实验的方法考察热学系统的冷却速率同系统与环境间温度差的关系。

二、实验仪器用具

液体比热容实验仪、电子天平。

三、实验原理

液体比热容实验仪结构如图 14-1 所示。

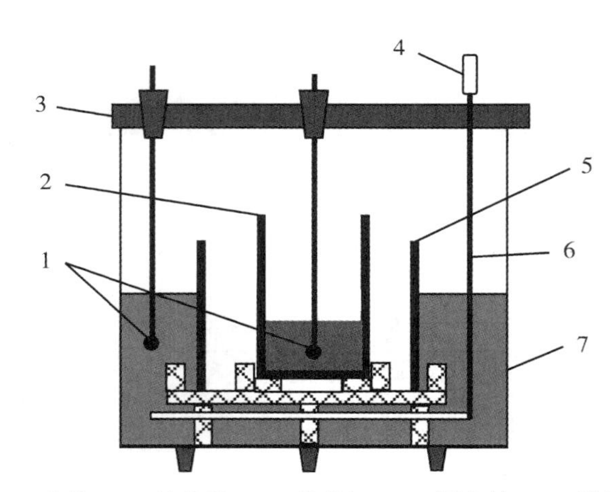

1—温度计；2—内筒；3—绝热盖；4—绝热柄；5—隔离筒；6—搅拌器；7—外筒

图 14-1　量热器

由牛顿冷却定律，一个表面温度为 θ 的物体，在温度为 θ_0 的环境中自然冷却($\theta >$

θ_0)，在单位时间里流物体散失的热量$\dfrac{\delta Q}{\delta t}$与温度差 $\theta-\theta_0$ 有下列关系：

$$\frac{\delta Q}{\delta t}=k(\theta-\theta_0) \tag{14-1}$$

当物体温度的变化是准静态过程时，上式可改写为

$$\frac{\delta T}{\delta t}=\frac{k}{c_s}(\theta-\theta_0) \tag{14-2}$$

式中，$\dfrac{\delta Q}{\delta t}$ 为物体的冷却速率，c_s 为物质的热容，k 为物体的散热常数，与物体的表面性质、表面积、物体周围介质的性质和状态以及物体表面温度等许多因素有关，θ 和 θ_0 分别为物体的温度和环境的温度，k 为负数，$\theta-\theta_0$ 的数值应该很小，为 10~15℃。

如果在实验中使环境温度 θ_0 保持恒定(即 θ_0 的变化比物体温度 θ 的变化小很多)，则可以认为 θ_0 是常量，对式(14-1)进行数学处理，可以得到下述公式：

$$\ln(\theta-\theta_0)=\frac{k}{c_s}t+b \tag{14-3}$$

式中，b 为(积分)常数。可以将式(14.3)看成两个变量的线性方程的形式：自变量为 t，应变量为 $\ln(\theta-\theta_0)$，直线斜率为$\dfrac{k}{c_s}$。通过比较两次冷却过程，其中一次含有待测液体，另一次含有已知热容的标准液体样品，并使这两次冷却过程的实验条件完全相同，从而测量式(14-3)中未知液体的比热容。

在实验过程中，使实验系统进行自然冷却，测出系统冷却过程中温度随时间的变化关系，并从中测定未知热学参量的方法，叫作冷却法；对两个实验系统在相同的实验条件下进行对比，从而确定未知物理量，叫作比较法。

利用冷却法和比较法来测定待测液体(如饱和食盐水)的热容，已知标准液体(即水)和待测液体(即饱和食盐水)进行冷却的公式：

$$\ln(\theta-\theta_0)_w=\frac{R'}{c'_s}t+b \tag{14-4}$$

$$\ln(\theta-\theta_0)_s=\frac{R''}{c''_s}t+b \tag{14-5}$$

上两式中 c'_s 和 c''_s 分别是系统盛水和盐水时的热容。如果保证在实验中用同一个容器分别盛水和盐水，并保持在这两种情况下系统的初始温度、表面积和环境温度等基本相同，则系统盛水和盐水时的系数 k' 与 k'' 相等，即

$$k'=k''=k \tag{14-6}$$

令 S' 和 S'' 分别代表由式(14-4)和式(14-5)作出的两条直线的斜率，即

$$S'=\frac{k}{c'_s},\qquad S''=\frac{k}{c''_s} \tag{14-7}$$

$$c'_s=m'c'+m_1c_1+m_2c_2+\delta c' \tag{14-8}$$

$$c''_s = m''c_x + m_1c_1 + m_2c_2 + \delta c'' \qquad (14\text{-}9)$$

式中，m'、m''、c'、c_x 分别为水和盐水的质量及比热容；m_1、m_2、c_1、c_2 分别为量热器内筒和搅拌器的质量及比热容；$\delta c'$、$\delta c''$ 分别为温度计浸入已知液体和待测液体部分的等效热容，相对系统很小，因此可以忽略不计。

$$c_x = \frac{1}{m''}\left[\frac{S'c'}{S''} - (m_1c_1 + m_2c_2)\right] \qquad (14\text{-}10)$$

水的比热容 $c' = 4.18\times10^3$ J/(kg·K)。

量热器内筒和搅拌器是金属制作的，其比热容为 $c_1 = c_2 = 0.389\times10^3$ J/(kg·K)。

四、实验内容及步骤

1. 将外筒冷却水加至适当高度。(θ_0 的波动不超过±0.5℃)

2. 用内部干燥的量热器内筒取纯净水，水的体积约占内筒的2/3，温度 θ 约比 θ_0 高10~15℃。称其质量后，放入隔离筒，开始实验。每隔1分钟分别记录一次纯净水的温度 θ 和外筒冷却水的温度 θ_0。共测20分钟。

3. 将量热器内筒擦干，取饱和食盐水。食盐水的体积约占内筒的2/3，食盐水的初温和水的初温相差不超过1℃。称其质量后，放入隔离筒，开始实验。每隔1分钟分别记录一次食盐水的温度 θ 和外筒冷却水的温度 θ_0。共测20分钟。

4. 在同一张坐标纸中，对纯净水和食盐水分别作“$\ln(\theta-\theta_0) \sim t$”图，检验得到的是否为一条直线。验证系统的冷却速率同系统与环境之间温度差成正比。

5. 用最小二乘法分别求出两条直线的斜率 S' 和 S''，并由此得出未知饱和食盐水的热容。

五、实验注意事项

1. 控制水流量，使其温度 θ 尽量稳定，水箱中既充满水，又不会溢出。

2. 加热水或被测液体时，不可以用火对量热器直接加热。

3. 爱护温度计，合理选择量程。

4. 为了使系统温度均匀，实验过程中用搅拌器不停地轻轻搅拌。

六、实验思考题

1. 牛顿冷却定律是在什么条件下成立的，式(14-1)各量的意义是什么？

2. 比较法测定液体比热容有什么优点？实验条件如何？

3. 用比较法测量液体比热容，下列原因引入的误差能否消除或减小：温度计的系统误差；θ 不恒定；水和液体蒸发；搅拌不均匀。

常见物质的比热容单位 J/(kg·℃)

物质	温度/℃	比热容	物质	温度/℃	比热容
铝	25	9.04×10^2	水	25	4.18×10^3
银	25	2.37×10^2	乙醇	25	2.42×10^3
铜	25	3.85×10^2	黄铜	0	3.70×10^2
铁	25	4.48×10^2	康铜	18	4.09×10^2
铅	25	1.28×10^2	石棉	0~100	7.95×10^2
锌	25	3.89×10^2	橡胶	15~100	$(11.3\sim20)\times10^2$

实验十五　液体的汽化热测量

一、实验目的

1. 学习集成电路温度传感器 AD590 的定标方法，熟悉其精确测温的实验过程；
2. 学习混合法测定水的汽化热，精确测量水的比汽化热。

二、实验仪器用具

液体汽化热测量仪、电子天平。

三、实验原理

物质由液态向气态转化的过程称为汽化，液体的汽化有蒸发和沸腾两种不同的形式。不管是哪种汽化过程，它的物理过程都是液体中一些热运动动能较大的分子飞离表面成为气体分子，而随着这些热运动动能较大分子的逸出，液体的温度会下降，若要保持温度不变，在汽化过程中就要供给热量。通常定义单位质量的液体在温度保持不变的情况下转化为气体时所吸收的热量称为该液体的比汽化热。液体的汽化热不但和液体的种类有关，而且和汽化时的温度有关，因为温度升高，液相中分子和气相中分子的能量差别将逐渐减小，因而温度升高液体的汽化热减小。

物质由气态转化为液态的过程称为凝结，凝结时将释放出在同一条件下汽化所吸收的相同的热量，因而，可以通过测量凝结时放出的热量来测量液体汽化时的汽化热。

本实验采用混合法测定水的汽化热，其装置图如图 15-1 所示。

将烧瓶中接近 100℃的水蒸气，通过短的玻璃管加接一段很短的橡皮管(或乳胶管)插入量热器内杯。如果水和量热器内杯的初始温度为 θ_1，而质量为 M 的水蒸气进入量热器的水中被凝结成水，当水和量热器内杯温度均一时，其温度值为 θ_2，那么水的比汽化热可由下式得到：

$$ML + MC_W(\theta_3 - \theta_2) = (mC_W + m_1 C_{Al} + m_2 C_{Al})(\theta_2 - \theta_1) \tag{15-1}$$

式中，C_W 为水的比热容；m 为原先在量热器中水的质量；C_{Al}为铝的比热容；m_1 和 m_2 分别为铝量热器和铝搅拌器的质量；θ_3 为水蒸气的温度；L 为水的比汽化热。

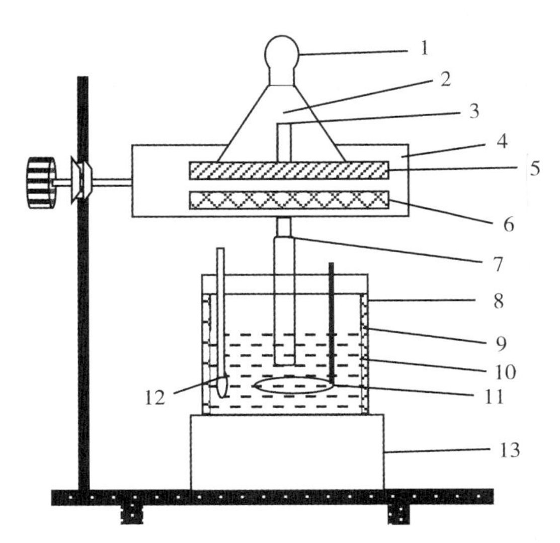

1—烧瓶盖；2—烧瓶；3—通气玻璃管；4—托盘；5—电炉；6—绝热板；
7—橡皮管；8—量热器外壳；9—绝热材料；10—量热器内杯；
11—铝搅拌器；12—AD590 温度传感器；13—有机座

图 15-1　实验装置

集成电路温度传感器 AD590 是由多个参数相同的三极管和电阻组成。该器件的两引出端加有某一定直流工作电压时(一般工作电压可在 4.5～20V 范围内)，如果该温度传感器的温度升高或降低 1℃，那么传感器的输出电流增加或减少 1μA，它的输出电流的变化与温度变化满足如下关系：

$$I = B\theta + I_0 \tag{15-2}$$

式中，I 为 AD590 的输出电流，单位 μA；θ 为摄氏温度；B 为斜率，单位 μA/℃；I_0 为摄氏零度时的电流值，该值恰好与冰点的热力学温度 273K 相对应(实际使用时，应放在冰点温度时进行确定)。利用 AD590 集成电路温度传感器的上述特性，可以制成各种用途的温度计。在通常实验时，采取测量取样电阻 R 上的电压求得电流 I。

四、实验内容及步骤

1. 集成电路温度传感器 AD590 的定标

每个集成电路温度传感器的灵敏度有所不同，在实验前，应将其定标。把 AD590 的红、黑接线分别插入面板中的输入孔即可进行定标或测量。把实验数据用最小二乘法进行直线拟合，求得斜率 B、截距 I_0 和相关系数 r。

2. 水的汽化热测定实验

(1)用电子天平称量热器和搅拌器的质量，分别为 m_1、m_2，然后在量热器内杯中加一定量的水，再称其质量 m'，则可得到水的质量 $m = m' - m_1 - m_2$。

(2)将盛有水的量热器内杯放在冰块上，预冷却到室温以下较低的温度。但被冷却水的温度需高于环境的露点，如果低于露点，则实验过程中量热器内杯外表有可能凝结上薄水层，从而释放出热量，影响测量结果。将预冷过的内杯放还量热器内再放在水蒸气管下，使通气橡皮管插入水中约 1cm 深，注意气管不宜插入太深以防止通气管被堵塞。

(3)将盛有水的烧杯加热，开始加热时可以通过温控电位器顺时针调到底，此时瓶盖移去，使低于 100℃的水蒸气从瓶口逸出。当烧杯内水沸腾时可以由温控器调节，保证水蒸气输入量热器的速率符合实验要求。这时要首先读下温度仪的数值 θ_1。接着把瓶盖盖好继续让水沸腾，向量热器的水中通蒸气并搅拌量热器内的水，通过时间长短，以尽可能使量热器中水的末温度 θ_2 与室温的温差同室温与初温 θ_1 差值相近(如室温为 28℃，θ_1 为 10℃，则 $\Delta\theta = 18℃$，θ_2 应为 $28℃ + 18℃ = 46℃$)，这样可使实验过程中量热器内杯与外界热交换相互抵消。

(4)停止电炉通电，并打开瓶盖不再向量热器通气，继续搅拌量热器内杯的水，读出水和内杯的末温度 θ_2。再一次称量出量热器内杯水的总质量 $M_{总}$，则量热器中水蒸气的质量 $M = M_{总} - m'$。

(5)计算水在 100℃的汽化热 L。

五、实验思考题

实验过程中，由于系统与外界绝热不理想，因而必有热量损失，如何进行散热的修正?

实验十六　混合法测冰的熔解热

一、实验目的

1. 用混合法测量冰的熔解热；
2. 学习一种粗略修正散热的方法。

二、实验仪器用具

量热器、天平、温度计（0~50.0℃，0~100.0℃各一支）、量筒、玻璃皿、冰块、停表。

三、实验原理

一定压强下晶体开始熔解时的温度，称为该晶体在此压强下的熔点。质量1千克的某种晶体熔解成同温度的液体所吸收的热量，叫作该晶体的熔解热，单位 J/kg。

设 M 克 t_1℃ 的冰与 m 克 t_2℃ 的水混合，冰全部熔解后的平衡温度为 t_3℃；实验环境下冰的熔点为 t_0℃（1大气压下 $t_0=0$℃），冰的熔解热为 L；量热器内筒和搅拌器的质量分别为 m_1、m_2，比热容分别为 c_1、c_2，温度计的热容为 δ_m。已知冰的比热容（－40 ~ 0℃）为 1.8J/(g·℃)，水的比热容为 c_0（$c_0=4.18$J/(g·℃)）。假设实验系统为绝热系统，则热平衡方程式为：

$$1.8M(t_0-t_1)+ML+M(t_3-t_0)c_0=(mc_0+m_1c_1+m_2c_2+\sigma_m)(t_2-t_3) \quad (16\text{-}1)$$

在我们的实验条件下，可以认为 $t_1=t_0=0$℃：设水银温度计浸入液体部分的体积为 $V\text{cm}^3$，则 $\delta_m=1.9V$，所以

$$L=(1/M)(mc_0+m_1c_1+m_2c_2+1.9V)(t_2-t_3)-t_3c_0 \quad (16\text{-}2)$$

虽然已经从仪器装置、实验方法、操作技术上设法使实际系统接近于孤立系统，但还是不能完全达到绝热要求，因此，我们根据牛顿冷却定律，对散热损失进行粗略修正。

由公式 $dq/d\tau=K(t-\theta)$（参看实验十四）可知，当 $t-\theta>0$ 时，$dq/d\tau>0$，系统向外散热；当 $t-\theta<0$ 时，$dq/d\tau<0$，系统从环境吸热。取系统的初温 $t_2>\theta$，终温 $t_3<\theta$，以便设法使整个过程中系统散热与吸热尽可能彼此抵消。

在刚投入冰时水温高，冰的有效面积大，熔解快，因此系统表面温度 t(即量热器中水温)降低较快，随着冰的不断熔解，冰块逐渐变小，水温逐渐降低，冰熔解渐慢，水温的降低也变慢。量热器中水温随时间的变化如图 16-1 的曲线所示。

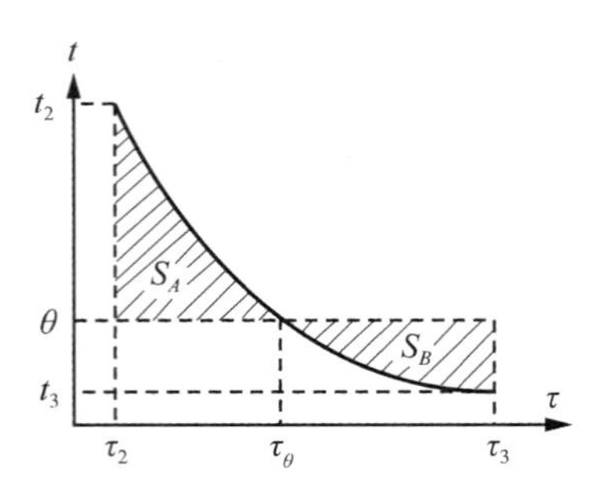

图 16-1　水温随时间的变化

根据 $\mathrm{d}q/\mathrm{d}\tau = K(t-\theta)$，则 $\mathrm{d}q = K(t-\theta)\mathrm{d}\tau$，实验过程中，系统温度从 t_2 变为 t_3 这段时间内(τ_2 至 τ_3)，系统散失的热量为

$$q = \int_{\tau_2}^{\tau_3} K(t-\theta)\mathrm{d}\tau，即$$

$$q = K\int_{\tau_2}^{\tau_\theta}(t-\theta)\mathrm{d}\tau + K\int_{\tau_\theta}^{\tau_3}(t-\theta)\mathrm{d}\tau$$

前一项 $t-\theta>0$，系统散热；后一项 $t-\theta<0$，系统吸热。图 16-1 中面积 S_A、S_B 为：

$$S_A = \int_{\tau_2}^{\tau_\theta}(t-\theta)\mathrm{d}\tau,$$

$$S_B = \int_{\tau_\theta}^{\tau_3}(t-\theta)\mathrm{d}\tau$$

可见散热时，$q = KS_A$，吸热时，$q = KS_B$。因此只要使 $S_A = S_B$，系统对外界的吸热和散热就可以基本抵消。

要使 $S_A = S_B$，就必须使 $(t_2-\theta) > (\theta - t_3)$，究竟 t_2 和 t_3 应取多少，要在实验中根据具体情况选定。

四、实验内容及步骤

1. 水的初温可以取得比室温高 5~10℃，水的质量约取量热器内筒体积的 2/3，先初做一次，每隔 30s 记一次温度，绘出 $t \sim \tau$ 图，分析一下实验中水的初温、水的质量、冰的质量是否取得恰当。

2. 调整实验方案后，仔细地重做一次。

3. 测出有关质量。冰的质量可由冰熔解后冰与水的总质量减去水的质量求得。

4. 作 $t \sim \tau$ 图，使 S_A 和 S_B 近似相等。

5. 计算冰的熔解热。

五、实验注意事项

1. 要选透明清洁的冰；
2. 要不停地轻轻搅拌；
3. 保护温度计。

六、实验思考题

1. 本实验中热学系统由哪些部分组成？量热器的内筒、外筒、盖、温度计、搅拌器及搅拌器上的绝热柄都属于热学系统吗？

2. 整个实验过程中为什么要不停地轻轻搅拌？分别说明投冰前后搅拌的作用。

3. 绘制出 $t\sim\tau$ 图后，发现 $S_A>S_B$ 或 $S_A<S_B$ 时，你将如何修正参量，使 $S_A=S_B$，以便达到修正散热的目的？

实验十七　电加热法测冰的熔解热

一、实验目的

1. 用电加热法测定冰的熔解热；
2. 学习消除测量系统热散失的影响。

二、实验仪器用具

冰的熔解热实验仪器、冰、水、碎冰机。

三、实验原理

冰的熔解热实验仪器结构如图 17-1 所示。

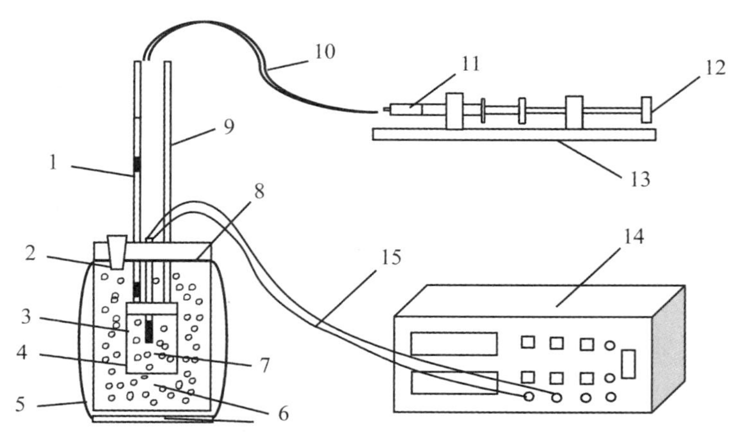

1—移液管 I；2—橡皮塞；3—密封盖；4—密封容器；5—真空保温杯；
6—冰水混合物；7—加热器；8—有机玻璃；9—移液管 II；10—橡胶管；11—注射器；
12—调节螺钉；13—底座；14—电源加热控制器；15—加热电缆

图 17-1　实验装置

将冰水混合物放入保温瓶中，给浸没在冰水中的电阻丝通电。电阻丝两端的电压为

U，则在 t 时间范围内，供给冰水混合物的热量 Q 为

$$Q = UIt \tag{17-1}$$

若热量 Q 全部用来使冰熔化为水，则冰的熔化热 L 为

$$L = \frac{Q}{m} \tag{17-2}$$

在 0℃ 时冰的密度 $\rho_{冰} = 0.917\text{g/cm}^3$，水的密度 $\rho_{水} = 0.99987\text{g/cm}^3$，质量为 m 的冰熔化为水时，体积减小 ΔV，则

$$\Delta V = V_{冰} - V_{水} \tag{17-3}$$

$$\Delta V = \frac{(\rho_{水} - \rho_{冰})m}{\rho_{冰}\rho_{水}} \tag{17-4}$$

所以

$$L = \frac{UIt(\rho_{水} - \rho_{冰})}{\rho_{冰}\rho_{水}\Delta V} \tag{17-5}$$

四、实验内容及步骤

1. 用碎冰机将冰块打碎后与 0℃ 的水混合（冰多水少），灌满容器，用玻璃棒轻轻搅拌，使冰水混合物的空气排出，盖上密封盖。

2. 将密封容器放入装有冰水混合物的真空保温杯，冰水混合物完全覆盖密封的容器。

3. 用注射器从密封盖上的小孔注入冰水，使两个小孔装满水（注意防止注射器注入空气）。

4. 插入 2 根移液管，用橡胶管将移液管和注射器连接起来。调节螺钉使移液管 I 中的水面处在 0.000mL 处，并记下移液管 II 中水面的刻度位置。

5. 当移液管 II 水面的位置发生变化时，调节螺钉使移液管 II 的水面保持原来的位置（整个实验中要保持此位置不变）。记录移液管 I 的水面刻度变化量 ΔV。每分钟记录 1 次，连续记录 5 次以上，当每分钟液面刻度变化量 ΔV_1 基本相等时，记录其每分钟液面刻度变化量 ΔV_1。

6. 按下加热开关。保持移液管 II 水面位置不变，每分钟记录 1 次移液管 I 的水面位置，同时观察电流、电压有无变化并记录。

7. 通电 6 分钟后断电，继续记录直到移液管 I 中水面的位置每分钟下降量与加热前一致。

8. 作 $\Delta V \sim t$ 图，求出冰仅仅吸收电加热释放的热量 Q 的 ΔV 值。

9. 计算冰的熔解热。

五、实验思考题

该实验的主要实验误差是什么？怎么改进呢？

实验十八　不良导体热导率的测量

一、实验目的

1. 了解热传导现象的物理过程；
2. 学习用稳态平板法测量不良导体的导热系数并用作图法求冷却速率。

二、实验仪器用具

热学综合实验仪、待测不良导体。

三、实验原理

导热系数(又称热导率)是反映材料热性能的重要物理量，热传导是热交换的三种(热传导、对流和辐射)基本形式之一，是工程热物理、材料科学、固体物理及能源、环保等各个研究领域的课题，材料的导热机理在很大程度上取决于它的微观结构，热量的传递依靠原子、分子围绕平衡位置的振动以及自由电子的迁移，在金属中电子流起支配作用，在绝缘体和大部分半导体中晶格振动起主导作用。在科学实验和工程设计中，所用材料的导热系数都需要用实验的方法精确测定。

1882 年法国科学家傅里叶(J. Fourier)建立了热传导理论，目前各种测量导热系数的方法大多是建立在傅里叶热传导定律的基础之上。测量的方法可以分为两大类：稳态法和瞬态法，本实验采用的是稳态平板法测量不良导体的导热系数。

当物体内部有温度梯度存在时，就有热量从高温处传递到低温处，这种现象被称为热传导。傅里叶指出，在时间 $\mathrm{d}t$ 内通过 $\mathrm{d}S$ 面积的热量 $\mathrm{d}Q$，正比于物体内的温度梯度，其比例系数是导热系数，即：

$$\frac{\mathrm{d}Q}{\mathrm{d}t}=-\lambda\frac{\mathrm{d}T}{\mathrm{d}x}\mathrm{d}S \tag{18-1}$$

式中，$\frac{\mathrm{d}Q}{\mathrm{d}t}$为传热速率，$\frac{\mathrm{d}T}{\mathrm{d}x}$是与面积 $\mathrm{d}S$ 相垂直的方向上的温度梯度，“－”号表示热量由高温区域传向低温区域，λ 是导热系数，表示物体导热能力的大小，在国际单位制(SI)中 λ 的单位是 W/(m/ 位)。对于各向异性材料，各个方向的导热系数是不同的(常用张量来表示)。

如图 18-1 所示，设样品为一平板，则维持上下平面有稳定的 T_1 和 T_2(侧面近似绝热)，即稳态时通过样品的传热速率为

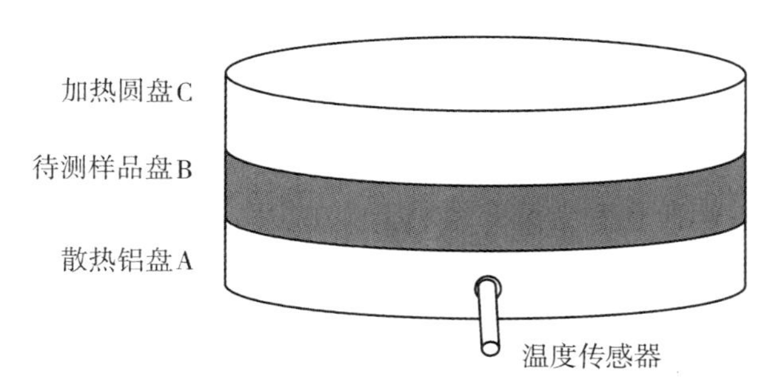

图 18-1　实验装置

$$\frac{\mathrm{d}Q}{\mathrm{d}t}=\lambda\frac{T_1-T_2}{h_B}S_B \tag{18-2}$$

式中，h_B 为样品厚度，$S_B=\pi R_B^2$ 为样品上表面的面积，T_1-T_2 为上、下平面的温度差。

在实验中，要降低侧面散热的影响，就要减小 h_B。因为待测平板上、下平面的温度 T_1 和 T_2 是用加热圆盘 C 的底部和散热铝盘 A 的温度来代表，所以就必须保证样品与圆盘 C 的底部和铝盘 A 的上表面密切接触。

实验时，在稳定导热的条件下(T_1 和 T_2 值恒定不变)，可以认为通过待测样品盘 B 的传热速率与铝盘 A 向周围环境散热的速率相等。因此可以通过 A 盘在稳定温度 T_2 附近的散热速率$\frac{\mathrm{d}T}{\mathrm{d}t}$，求出样品的传热速率$\frac{\mathrm{d}Q_{加}}{\mathrm{d}t}$。在读取稳态时的 T_1 和 T_2 之后，拿走样品 B，让 A 盘直接与加热圆盘 C 底部的下表面接触，加热铝盘 A，使 A 盘温度上升到比 T_2 高 6℃ 左右，再移去加热圆盘 C，让铝盘 A 通过外表面直接向环境散热(自然冷却)，当 T_A 降至比 T_2 高 5℃ 时开始计时并读数 T_A，每隔 1 分钟测 1 次温度 T_A，直到 T_A 低于 T_2 约 5℃ 时止，然后以时间为横坐标，以 T_A 为纵坐标，作 A 的冷却曲线，过曲线上的点 $(t_2,\ T_A)$ 作切线，则此切线的斜率就是 A 在 T_2 时的自然冷却速率：

$$\frac{\mathrm{d}T}{\mathrm{d}t}=\frac{T_a-T_b}{t_a-t_b} \tag{18-3}$$

对于铝盘 A，在稳态传热时，其散热的外表面积为 $\pi R_A^2+2\pi R_A h_A$，移去加热盘 C 后，A 盘的散热外表面积为 $2\pi R_A^2+2\pi R_A h_A=2\pi R_A(R_A+h_A)$，考虑到物体的散热速率与它的散热面积成比例，所以有

$$\frac{\mathrm{d}Q}{\mathrm{d}t}=\frac{\pi R_A(R_A+2h_A)}{2\pi R_A(R_A+h_A)}\cdot\frac{\mathrm{d}Q_{加}}{\mathrm{d}t}=\frac{(R_A+2h_A)}{2(R_A+h_A)}\cdot\frac{\mathrm{d}Q_{加}}{\mathrm{d}t} \tag{18-4}$$

式中，R_A 和 h_A 分别为 A 盘的半径和厚度。

根据热容的定义，对温度均匀的物体，有

$$\frac{\mathrm{d}Q_{\text{加}}}{\mathrm{d}t}=mc\frac{\mathrm{d}T}{\mathrm{d}t} \tag{18-5}$$

对应铝盘 A，就有$\frac{\mathrm{d}Q_{\text{加}}}{\mathrm{d}t}=m_{\text{铝}}c_{\text{铝}}\frac{\mathrm{d}T}{\mathrm{d}t}$，$m_{\text{铝}}$ 和 $c_{\text{铝}}$ 分别为 A 盘的质量和比热容，将此式代入式(18-5)

$$\frac{\mathrm{d}Q}{\mathrm{d}t}=m_{\text{铝}}c_{\text{铝}}\frac{(R_A+2h_A)}{2(R_A+h_A)}\cdot\frac{\mathrm{d}T}{\mathrm{d}t} \tag{18-6}$$

便得出导热系数的公式：

$$\lambda=\frac{m_{\text{铝}}c_{\text{铝}}h_B(R_A+2h_A)}{2\pi R_B^2(T_1-T_2)(R_A+h_A)}\cdot\frac{\mathrm{d}T}{\mathrm{d}t} \tag{18-7}$$

四、实验内容及步骤

1. 建立稳恒态。

(1)如图 18-1 所示，安装好实验装置，连接好电缆线，温度传感器先插入加热盘，打开电源开关。

(2)顺时针调节“温度粗选”和“温度细选”钮到底，打开加热开关，加热指示灯发亮(加热状态)，同时观察恒温加热盘的温度变化，当恒温加热盘温度即将达到所需温度(如 60℃)时逆时针调节“温度粗选”和“温度细选”钮使指示灯闪烁(恒温状态)，仔细调节“温度细选”钮使恒温加热盘温度恒定在所需温度(如 60℃)。

(3)再将温度传感器插入铝盘，观察温度变化，若每分钟的变化 $\Delta T_A\leqslant 0.1$℃，则可认为达到稳恒态，记下此时 A 和 C 的温度 T_1 和 T_2。

2. 测 A 盘在 T_2 时的自然冷却速度。

在读取稳态时的 T_1 和 T_2 之后，拿走样品 B，让 A 盘直接与加热盘 C 底部的下表面接触，加热铝盘 A，使 A 盘温度上升到比 T_2 高 6℃左右，再移去加热盘 C，关闭加热开关，让铝盘 A 通过外表面直接向环境散热(自然冷却)，每隔半分钟记下相应的温度值，作出 A 的冷却曲线，求出 A 盘在 T_2 附近的冷却速率 $\frac{\mathrm{d}T}{\mathrm{d}t}$。

3. 用游标卡尺测出待测板 B 的厚度 h_B，以及 A 的直径 $2R$ 和厚度 h_A，记下 A 盘的质量 $m_{\text{铝}}$。

4. 根据式(18-7)求出待测材料的导热系数 λ。

五、实验思考题

分析此实验中有哪些系统误差。

实验十九　金属线膨胀系数的测量

绝大多数物质具有“热胀冷缩”的特性，这是由于物体内部分子热运动加剧或减弱造成的。这个性质在工程结构的设计中，在机械和仪器的制造中，在材料的加工(如焊接)中，都应考虑到。否则，将影响结构的稳定性和仪表的精度。考虑失当，甚至会造成工程的毁损、仪表的失灵，以及加工焊接中的缺陷和失败，等等。

一、实验目的

学习测量金属线膨胀系数的方法。

二、实验仪器用具

金属线膨胀系数测量实验装置、热学综合实验仪、千分表。

三、实验原理

材料的线膨胀是材料受热膨胀时，在一维方向上的伸长。线膨胀系数是选用材料的一项重要指标。特别是研制新材料，少不了要对材料线膨胀系数作测定。

固体受热后其长度的增加称为线膨胀。经验表明，在一定的温度范围内，原长为 L 的物体，受热后其伸长量 ΔL 与其温度的增加量 Δt 近似成正比，与原长 L 亦成正比，即

$$\Delta L = \alpha L \Delta t \tag{19-1}$$

式中，比例系数 α 称为固体的线膨胀系数(简称线胀系数)。大量实验表明，不同材料的线胀系数不同(如表 19-1 所示)，如塑料的线胀系数最大，金属次之，因瓦合金、熔凝石英的线胀系数很小。因瓦合金和石英的这一特性在精密测量仪器中有较多的应用。

表 19-1　几种材料的线胀系数

材料	铜、铁、铝	普通玻璃、陶瓷	因瓦合金	塑料	熔凝石英
α 数量级(℃)$^{-1}$	$\sim 10^{-5}$	$\sim 10^{-6}$	$<20\times 10^{-6}$	100	$\sim 10^{-7}$

实验还发现，相同的材料在不同温度区域，其线胀系数不一定相同。某些合金，在

金相组织发生变化的温度附近，同时会出现线胀量的突变。因此测定线胀系数也是了解材料特性的一种手段。但是，在温度变化不大的范围内，线胀系数仍可认为是一常量。

为测量线胀系数，将材料做成条状或杆状。由式(19-1)可知，测量初时杆长 L、受热后温度达 t_2 时的伸长量 ΔL 和受热前、后的温度 t_1 和 t_2，则该材料在(t_1，t_2) 温区的线胀系数为

$$\alpha = \frac{\Delta L}{L(t_2 - t_1)} \tag{19-2}$$

其物理意义是固体材料在(t_1，t_2)温区内，温度每升高1℃时材料的相对伸长量，其单位为(℃)$^{-1}$。

测线胀系数的主要问题是如何测伸长量 ΔL。先粗估算出 ΔL 的大小，若 $L \approx 250$mm，温度变化 $t_2 - t_1 \approx 100$℃，金属的 α 数量级为 -10^{-5}(℃)$^{-1}$，则可估算出 $\Delta L \approx 0.25$mm。对于这么微小的伸长量，用普通量具如钢尺或游标卡尺是测不准的，可采用千分表(分度值为0.001mm)、读数显微镜、光杠杆放大法、光学干涉法。本实验中采用千分表测微小的线胀量。

四、实验内容及步骤

1. 安装好实验装置，连接好电缆线，温度传感器先插入加热盘，打开电源开关。

2. 顺时针调节“温度粗选”和“温度细选”钮到底，打开加热开关，加热指示灯发亮(加热状态)，同时观察恒温加热盘的温度变化，当恒温加热盘温度即将达到所需温度(如50℃)时逆时针调节“温度粗选”和“温度细选”钮使指示灯闪烁(恒温状态)，仔细调节“温度细选”钮使恒温加热盘温度恒定在所需温度(如50℃)。

3. 加热盘温度恒定在设定温度50℃，读出千分表数值 L_1，然后调节“温度粗选”和“温度细选”钮使加热盘温度恒定为55.0℃、60.0℃、65.0℃、70.0℃、75.0℃、80.0℃、85.0℃、90.0℃、95.0℃时，分别记下在这些温度下千分表读数 L_2、L_3、L_4、L_5、L_6、L_7、L_8、L_9、L_{10}。

4. 用逐差法求出温度升高5.0℃金属棒的平均伸长量，由式(19-2)即可求出金属棒在(50.0℃，95.0℃)温区内的线胀系数。

五、实验思考题

测 ΔL 时为什么要用千分表？用其他方法可以吗？如果可以，请自己设计一种测 ΔL 的装置。

实验二十　万用电表的使用

一、实验目的

1. 了解万用电表的结构原理；
2. 学会正确使用万用电表；
3. 学习用万用电表检查电路故障的方法。

二、实验仪器用具

万用电表、直流电源、滑线电阻、电阻箱、开关等。

三、实验原理

各种各样的万用电表的结构原理基本相同。下面以实验室常用的 MF30 型袖珍式万用电表(图 20-1)为例，定性地分析各部分的线路结构原理。

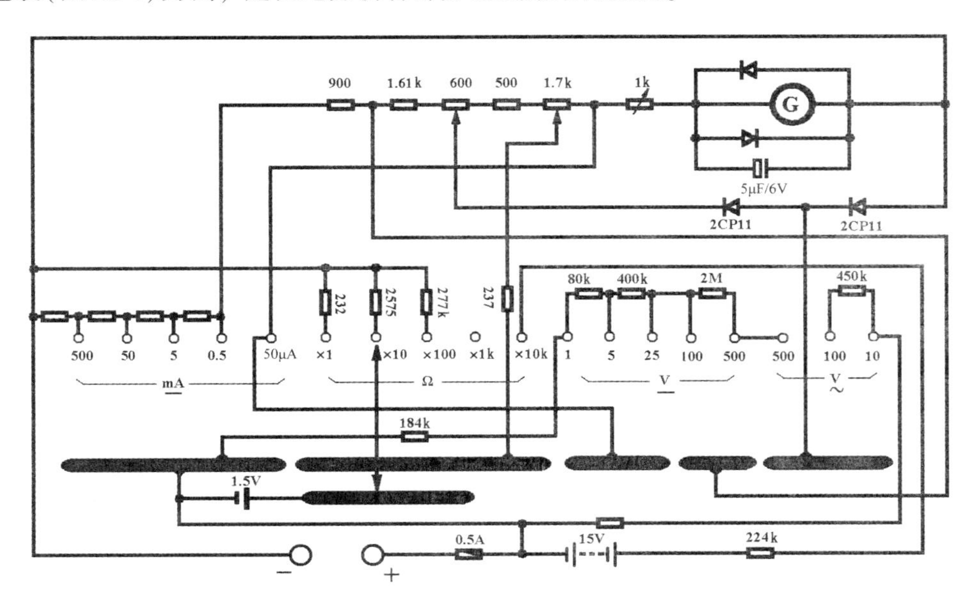

图 20-1　MF30 型袖珍式万用电表原理图

1. 测量直流电流的线路

万用电表的表头是一只灵敏度很高的微安表，用并联分流电阻的办法扩大它的电路量程，在总分流电阻中引出若干个抽头，就可获得多个电流量程，各个分流电阻的阻值可参考相关资料计算。图 20-2 是 MF30 型万用电表测直流电流部分电路图。

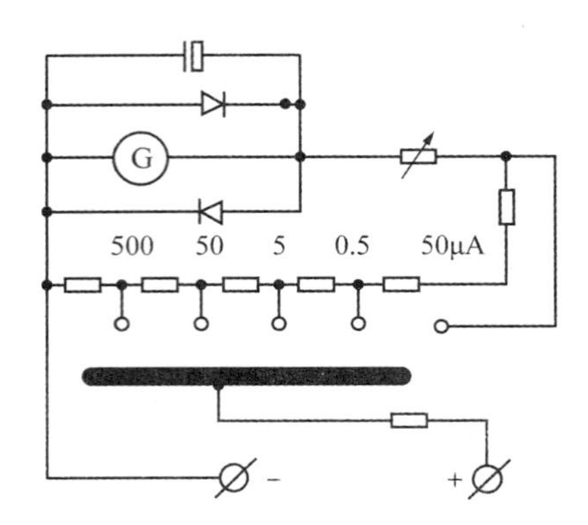

图 20-2　MF30 型万用电表测直流电流部分电路图

2. 测量直流电压的线路

表头本身只能量度很低的电压，串联降压电阻可扩大其量程。不过，在万用电表中，直流电流的分流电阻是固接在表头上的，测量电压时它们同样起分流作用，因此这里说的电压挡表头指的是并联分流电阻后的等效表头，图 20-3 是 MF30 型万用电表测直流电压部分电路图，图中的虚线框为等效表头，R_6、R_7、R_8 和 R_9 为各个电压量程的降压电阻，它们的阻值可参考相关资料进行计算，不过，该图中的 R_9 在这里应理解为等效表头的电阻。

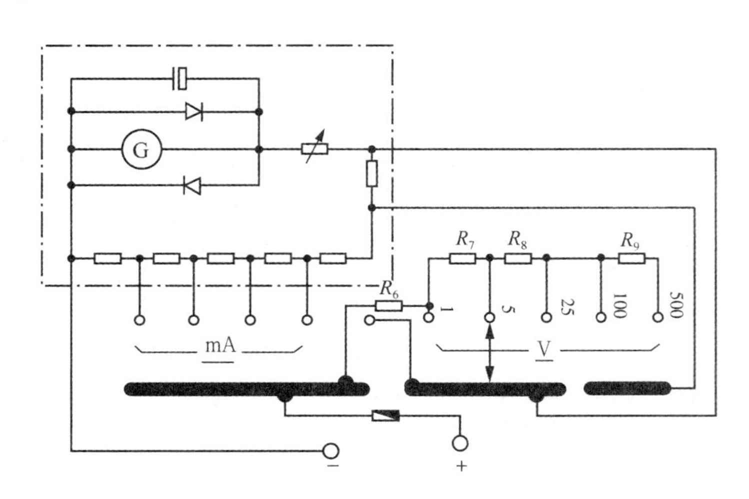

图 20-3　MF30 型万用电表测直流电压部分电路图

用万用电表的电压挡测量电路中的电压时，由于万用电表本身存在内阻 R_V(图 20-4)，必然会改变原电路的电流、电压值。因而电表所指示的电压，并不是未并联电表前的实际值。这种因电表接入而带来的误差称为接入误差。显然，R_V越小，接入误差越大；反之，如 $R_V >> R_1$，则接入误差可忽略不计。

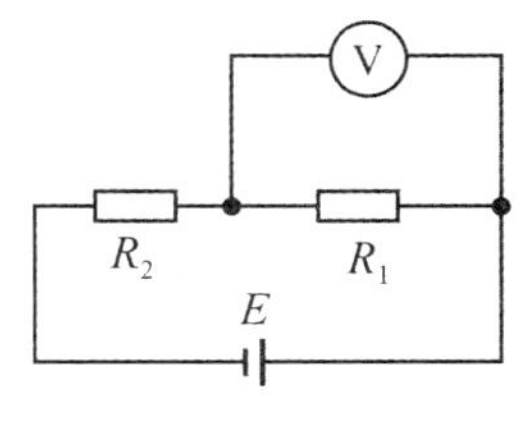

图 20-4　内阻分流

为了估计接入误差的大小，必须知道被测段的阻值大小和所用电表内阻 R_V的大小。值得注意的是，同一电压表，不同的电压量程，其内阻是不一样的。在一般万用电表的面板上都标明了电压挡的每伏欧姆数，如 MF30 型万用电表，当量程为 1V、5V 和 25V 时，每伏欧姆数为 20000Ω/V。这个数字告诉我们，当用 5V 挡时，不论指针是否偏转满刻度，其内阻均为 $2\times10^4\Omega/V\times5V=10^5\Omega$；当用 25V 挡时，其内阻 $R_V=5\times10^5\Omega$，其余类推。

3. 测量交流电压的线路

万用电表中所用的磁电式表头，只能用来测直流，不能用来测交流。为了使万用电表也能测量交流电压，必须附加整流装置，常用的有半波整流和全波整流两种，MF30 用的是半波整流，其原理如图 20-5 所示。在 A 为正、B 为负的半周内，D_1导通、D_2截止，电流的路径为 $A\to D_1\to G\to B$；当 A 为负、B 为正时，D_1截止、D_2导通，电流的路径为 $B\to D_2\to A$(不经过表头 G)。可以证明，半波整流时，电表指示值是交流有效值的 0. 441 倍。

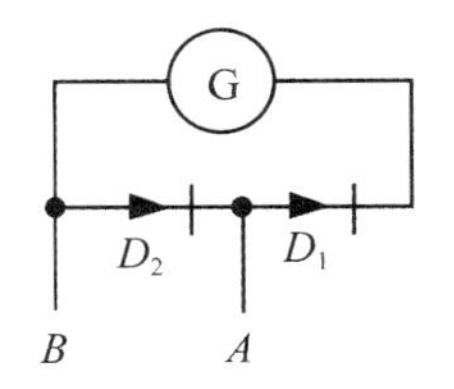

图 20-5　MF30 半波整流

万用电表交流电压挡的各个降压电阻的计算方法与直流电压挡相同，只是计算等效表头的内阻时，必须将二极管的正向电阻包括在内。

MF30 交流电压部分的线路如图 20-6 所示，每伏欧姆数为 5000Ω/V，图中的虚线框为交流电压挡的等效表头。

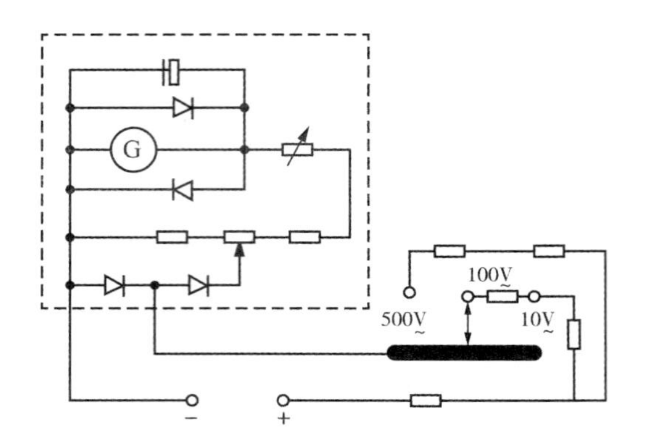

图 20-6　MF30 测交流电压线路

4. 测量电阻的线路

MF30 测量电阻的线路如图 20-7 所示，图中有一个电阻挡特有的调零电位器。当倍率为“×1k”“×100”“×10”“×1”时，所用电源为 1.5V；当倍率为“×10k”时，由于被测电阻的阻值很高，为了提高表头的灵敏度，减小误差，所以改用 15V 的层叠电池。

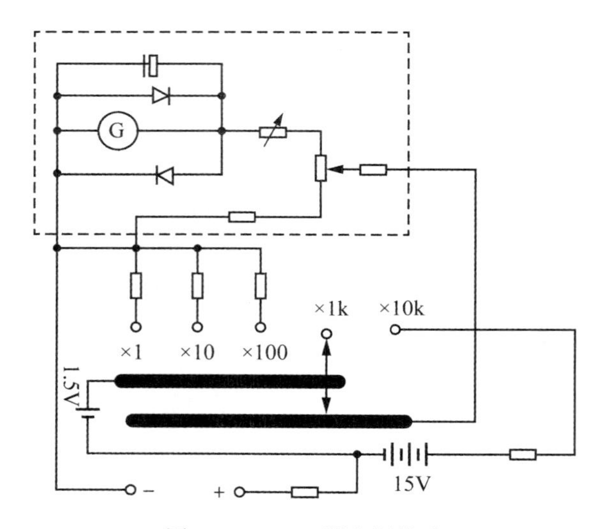

图 20-7　MF30 测电阻线路

四、使用方法

MF30 型万用电表的刻度值上有 4 条弧形刻度尺，最上面的一条是欧姆线，测量电阻时从这条刻度尺上读数；第二条是直流电流、直流电压和 10V 以上交流电压共用的刻度尺；第三条是 10V 交流专用线，测量 10V 以下的交流电压时从这条刻度尺上读数；第四条是音频电平刻度线。

万用电表的测试分红、黑2根，使用时应分别插在正(+)、负(-)两个插口上。

1. 直流电压的测量

先把范围选择开关旋至直流“V”的适当挡位上，红表笔搭高电位点，黑表笔搭低电位点，如估计不出被测电压的大致数值和待测两端电位的高低时，可把范围选择开关旋至“500V”挡，将两支表笔在被测电压的两端短时接触一下，看指针偏转的方向是否正确，然后根据指示值的大小，改用合适的量程进行测量。

测量高阻值两端的低电压时，应考虑到电表本身内阻对读数的影响，有时宁可把电压量程选择得高一些，即增加电表内阻，以便减小电表内阻对被测电路的分流作用。

2. 交流电压的测量

根据待测电压的大约数值把范围选择开关调至交流“V”的合适挡位上，如待测电压大于10V，则用第二条共用刻度线读数；小于10V，则用第三条10V交流专用刻度线读数。

3. 直流电流的测量

先把范围选择开关旋至“mA”或“μA”范围内的合适挡位上，再把万用电表串联在待测电路中，应使电流从正表笔流入，从负表笔流出。切勿将范围选择开关调在电流挡的万用电表，与被测电路并联，否则会损坏电表。

4. 电阻的测量

估计待测电阻值的大小，将范围选择开关旋至“Ω”范围内的适当挡位上。将两表棒短接，指针立即顺时针偏转，调节电阻挡特有的调零旋钮，使指针指在电阻刻度的零位上。再把表笔落在待测电阻的两端，将指针所指的读数乘以该挡的倍率，就得到所测电阻的阻值。

为了减小误差，倍率应选择合适，以便尽可能在中值电阻R_Z附近读数，一般认为电阻挡的有效量程为从$R_Z/5$到R_Z的范围内。注意：每次改变倍率挡，都应重新“调零”。

测量电阻值的电阻时，人的两手不要和表笔同时搭在被测电阻的两端，以免因人体电阻的并入而使测量结果的准确度降低。

利用“×1”挡测量电阻时，应尽量缩短测量时间，以减小表内电池的电能消耗。测量电路中的电阻时，应先切断电路电源，同时电阻的一端必须从电路中断开。电阻挡调零时，如调不到零点，说明电池基本用完而内阻太大，需要换新电池。

注意：万用电表使用完毕，应将选择开关旋至交流最高压挡位上。

五、实验内容及步骤

1. 测量直流电压

按图20-8连接电路，电路闭合后，用万用电表的直流电压挡分别测量电源E、电

阻 R_1 和 R_2 两端的电压(图中 R_1 和 R_2 分别为 100Ω 和 1000Ω 左右)。

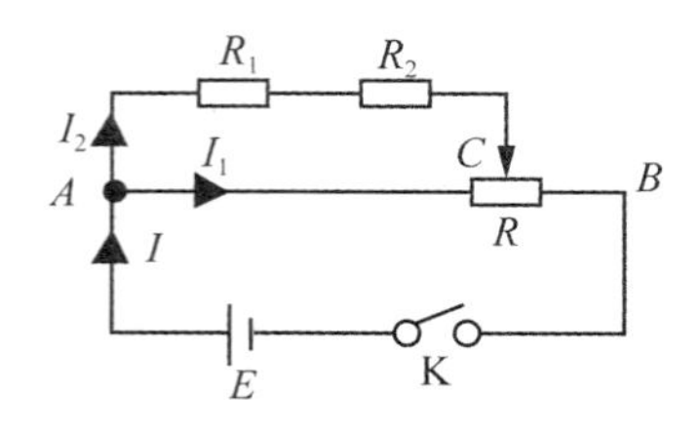

图 20-8　连接电路

2. 测量直流电流

用万用电表的直流电流挡分别测量电路中的电流 I_1、I_2 和 I。用不同量程再测一次。观察用不同量程测定同一电流时，数值是否相同。

3. 测量电阻

(1)用万用电表的电阻挡分别测量滑线电阻 R 和电阻箱 R_1、R_2 的阻值，再测量 A、B 两点间和 A、C 两点间的阻值，应特别注意有效数字的位数，变换倍率再测一遍。

(2)用电阻箱分别检验万用电表各倍率挡的中值电阻。

(3)用 $R\times100$ 挡判断二极管的正、负极。

4. 测量交流电压

用万用电表的交流电压挡测低压电阻的输出电压；再测电阻的线电压和相电压。

注意：高压危险！人体切勿与导电部位接触。

5. 用万用电表检查电路故障

做电学实验时，可能会遇到电路连接正确但电路不通的反常情况，这说明电路存在故障，可能是某个元件内部已损坏，或者某根导线内部已经断开，或者某个接线柱接触不良，对这类属于断路的简单故障，用万用电表检查非常方便，检查方法有下述两种：

(1)电阻法：用万用电表的欧姆挡(如“×1k”)，在切除电路电源的条件下，依次检查电路各段的通、断情况，不通之处就是电路断开之所在。但应注意：不能随便用欧姆挡检查量程小的电流表(如微安表、灵敏电流计等)的通、断情况，也不能用来检查不允许通过较大电流的其他元器件(如标准电池)；当电路有并联支路时，被检查支路应先从电路中断开。

(2)电压法：在电源接通的情况下，用万用电表的电压挡依次检查电路各点电位的高低，电位反常点，就是电路故障所在。

实验时，相邻两组同学互设故障，分别让对方用上述两种方法加以检查。在实践中不断总结经验，提高检查速度。

在以后的实验中，如发现电路有故障，不要轻易请老师解决，应根据理论知识自己设法排除。

六、实验思考题

1. 为什么欧姆挡的有效量程只是中值电阻附近的一段？

2. 欧姆表的红、黑表棒哪一根电势较高？为什么？

3. 在切断电源的情况下能否用欧姆表测电路中的电阻？为什么？

4. 为什么在万用电表上要注明每伏欧姆数？

5. 电表的大量程包括了小量程，为什么电表要设计成多个量程？

6. 能否用欧姆表测量电器的内阻？为什么？

7. 万用电表使用完毕后，为什么不能将功能选择旋钮停留在欧姆挡上？最好应停留在什么挡位上？

实验二十一　磁场的描绘

一、实验目的

1. 了解感应法测量磁场的原理；
2. 研究圆电流轴向磁场的分布；
3. 描绘亥姆霍兹线圈中的磁场均匀区。

二、实验仪器用具

圆形线圈、亥姆霍兹线圈、晶体管毫伏表、音频信号发生器、坐标纸等。

三、实验原理

1. 载流圆线圈轴线上磁场的分布由磁学中的毕奥-萨伐尔定律：

$$\mathrm{d}\boldsymbol{B}=\frac{\mu_0}{4\pi}\cdot\frac{I\mathrm{d}\boldsymbol{l}\times r}{r^3}$$

可以推出载流圆线圈轴线上任一点 P(图 21-1) 的磁感应强度为：

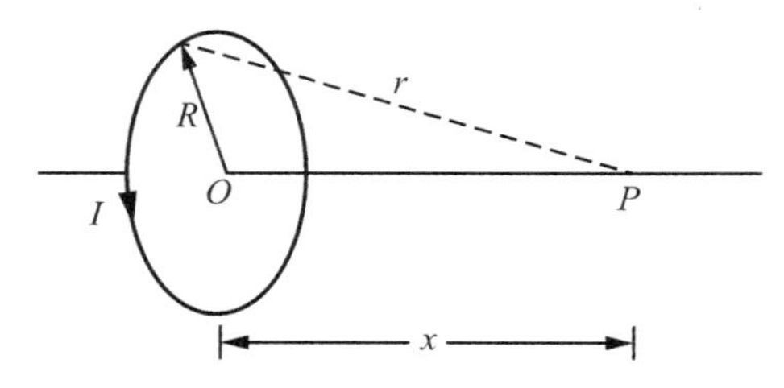

图 21-1　载流圆线圈轴线上任一点

$$B=\frac{\mu_0 I}{2R}\left[1+\left(\frac{x}{R}\right)^2\right]^{-3/2}$$

式中，I 为圆线圈中的电流强度，R 为圆线圈的半径，x 为 P 点至圆心 O 的距离。显然，在圆心 O 处的磁感应强度为：

$$B_0=\frac{\mu_0 I}{2R}$$

所以

$$\frac{B}{B_0}=\left[1+\left(\frac{x}{R}\right)^2\right]^{-3/2} \tag{21-1}$$

2. 磁场的测量。

磁场的测量方法很多，本实验采用感应法。

当圆线圈中通过交变电流时，其周围空间必定产生交变磁场。处于交变磁场中的闭合线圈由于磁通量的变化必有感生电流发生。通过测量这个感生电流的大小就可知道磁感应强度的大小。这种测量的方法称为感应法。

磁感应强度 $\boldsymbol{B}$ 是矢量，不仅有大小之分，还有方向之别。因此，测磁场时不仅要测 $\boldsymbol{B}$ 的大小，还要测 $\boldsymbol{B}$ 的方向。

(1)利用感应电流的“极大值”测 $\boldsymbol{B}$ 的大小。

设有一均匀交变磁场(图 21-2)，磁感应强度 $\boldsymbol{B}$ 的大小随时间 t 的变化规律为

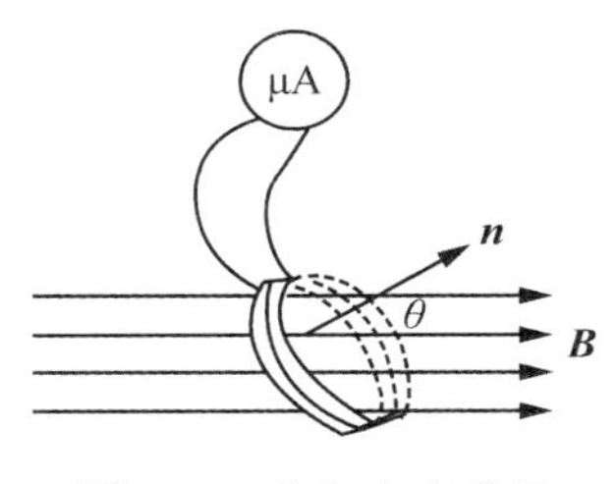

图 21-2　均匀交变磁场

$$B = B_m \sin\omega t$$

式中，B_m 为 $\boldsymbol{B}$ 的峰值，ω 为圆频率。在该磁场中置一探测线圈，设该线圈为平面线圈，面积为 S，匝数为 N，其法线 $\boldsymbol{n}$ 和磁场 $\boldsymbol{B}$ 的夹角为 θ(见图 21-2)，则该线圈的磁通量为

$$\Phi = NBS\cos\theta = NB_m S\cos\theta\sin\omega t$$

因而探测线圈的感生电动势的大小为

$$\varepsilon = |\mathrm{d}\Phi/\mathrm{d}t| = NB_m S\omega\cos\theta\cos\omega t$$

如果将一交流电流表与探测线圈组成一闭合回路，并设该回路阻抗为 Z，则通过该回路的感应电流为

$$i=\frac{\varepsilon}{Z}=\frac{NB_m S\omega\cos\theta}{Z}\cos(\omega t+\varphi)$$

式中，φ 为电流 i 与电动势 ε 的位相差。

由于一般的交流电表所指示的是交流电的有效值，所以交流电流表的指示值为

$$I=\frac{NB_m S\omega}{\sqrt{2}Z}\cos\theta$$

在 N、B_m、S、ω 和 Z 一定的条件下，当 $\theta=0$ 时，感应电流的有效值最大，并记作

I_{max}，则

$$I_{max} = \frac{NB_m S\omega}{\sqrt{2}Z} \tag{21-2}$$

所以，探测线圈所在的磁感应强度的峰值为

$$B_m = \frac{\sqrt{2}ZI_{max}}{NS\omega} \tag{21-3}$$

实验的具体做法是：把探测线圈放在待测处，用于缓慢改变探测线圈的方向，直到回路中的感生电流达到极大值为止。将 I_{max} 和其他已知条件代入式(21-3)，就可把该处的磁感应强度 B_m 计算出来。这就是利用感生电流的极大值测定 $\boldsymbol{B}$ 的大小的根据。

(2)利用感生电流的“极小值”测定 $\boldsymbol{B}$ 的方向。

当探测线圈的匝数 N、面积 S 和它所在处磁感应强度的幅值 $\boldsymbol{B}_m$ 一定时，通过此线圈的磁通量 Φ 是线圈法线 $\boldsymbol{n}$ 与磁场 $\boldsymbol{B}$ 的夹角 θ 的函数，即 $\Phi = NBS\cos\theta$，其图像如图21-3所示。从图中可以看出，当磁通量为极大值时，Φ 随 θ 的变化率最小；反之，当磁通量 Φ 为零时，Φ 随 θ 的变化率最大。因此，我们不是根据感生电流为极大值时探测线圈的法线方向来确定 $\boldsymbol{B}$ 的方向，因为这时磁通量的方向变化率难以测准，而是根据感生电流为极小值时(此时 $\theta = \pi/2$) 与探测线圈的法线相垂直的方向来确定 $\boldsymbol{B}$ 的方向。因为这时磁通量的方向变化率最大，容易测准。这就是利用感生电流的极小值来确定 $\boldsymbol{B}$ 的方向的根据。

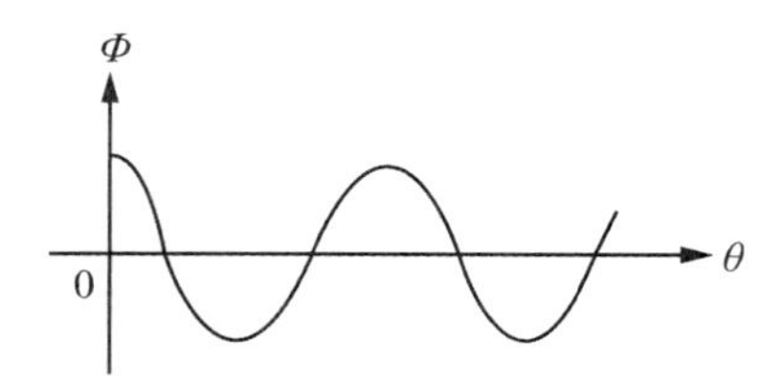

图 21-3 磁通量 Φ 随夹角 θ 变化

四、实验仪器结构

描绘磁场的实验装置如图21-4所示。两个匝数相同，半径相等的圆形线圈 A 和 B 平行地安装在有机玻璃板上。这两个圆形线圈的引线分别接在接线柱 A_1、A_2 和 B_1、B_2 上。板面上用透明胶带固定一张形状如图中虚线所示的毫米坐标纸。当圆形线圈通过由低频信号发生器输出的音频交流电时，便在周围空间激发交变磁场。置于坐标纸上的探测线圈与微安表构成闭合回路。

本实验所用的探测线圈是一种待测的圆柱形线圈(见图21-5)。根据理论计算，只要圆柱形探测线圈按下述条件制作，它所测的就是线圈几何中心点的 $\boldsymbol{B}$ 值。这些条件是：

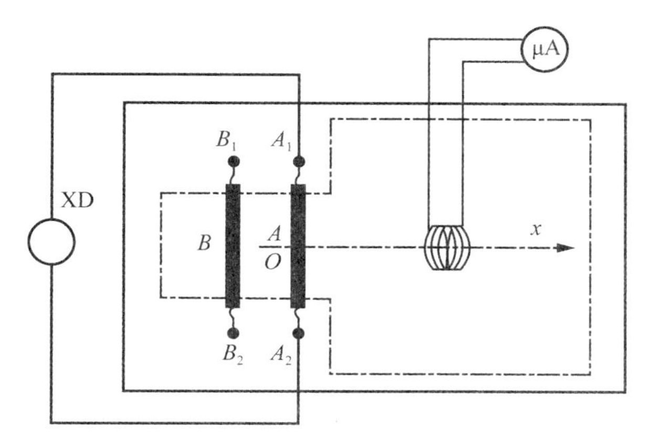

图 21-4　描绘装置

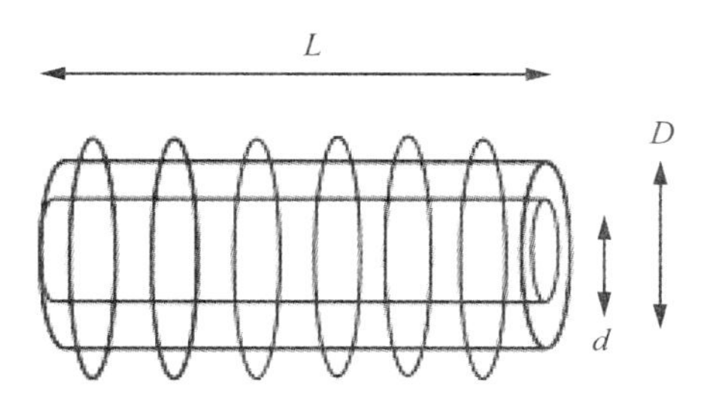

图 21-5　圆柱形线圈

(1)内径 $d=1/3\times$外径 D。

(2)长度 $L=2/3\times$外径 D。

(3)体积 V 适当小。

为了能方便地确定探测线圈几何中心点的位置和磁场方向，探测线圈还带有一些附件(图 21-6)。使用时，先将垫片上的定位针对准待测点，一手按住垫片，另一手将探测线圈套在定位针上。缓慢转动探测线圈，同时观察交流电流表所指的感生电流的数值。当该电流达到极大值时，记下其读数以确定该点磁场的大小。再转动探测线圈，当

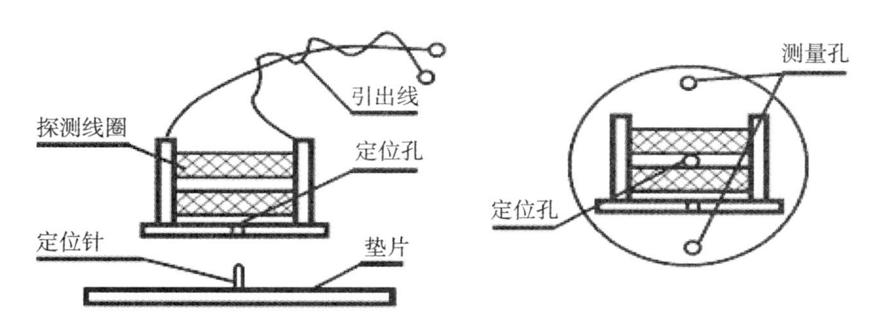

图 21-6　探测线圈附件

感生电流达到极小值时，将记录针(图中未画出)插入探测线圈底板上的测量孔，这样便在坐标纸上留下一个点的痕迹。然后，移开探测线圈和垫片，用铅笔在坐标纸上将所测点和记录针留下的痕迹连成一条线段，这条线段的指向就是所测点磁感应强度的方向。更进一步，若将前一次在坐标纸上留下的痕迹作为下一次的测量点，用同样的方法记下新的表示磁场方向的痕迹，再将这个痕迹作为新测量点，……如此循环下去，将在坐标纸上留下一系列的痕迹。这些痕迹连成的圆滑曲线就是所测量磁场的一条磁力线。

五、实验内容和步骤

1. 测量载流圆线圈轴线上的磁场分布

(1)按图 21-4 连接电路，交流电源可用低频信号发生器，与探测线圈相接的交流电表可用 MF20 型晶体管万用表或晶体管毫伏表。

(2)调节低频信号发生器，使输出频率为 1000Hz，输出电压为一适当的固定值(以不超过圆线圈的额定电压为限)，要求这个电压值在整个实验过程中维持不变。

(3)在 Ox 轴上取一系列的测量点 P_0，P_1，P_2，…(相邻两点相隔 20~30mm)，将其他测线圈依次放在这些点上，测定这些点的感生电流的极大值。将数据填入表 21-1：

表 21-1　数　据　表

探测线圈位置 x(mm)	0	20	40	60	80	100	120	140	…
I_{max}(μA)									
I_{max}/I_{0max}									
$[1+(\pi/R)^2]^{-3/2}$									

(4)将实验值 I_{max}/I_{0max} 与理论值 $[1+(\pi/R)^2]^{-3/2}$ 相比较，间接验证毕奥-萨伐尔定律的正确性。注意：应设法使圆线圈的半径尽量测准一些。

2. 描绘圆电流径向的磁场分布

从线圈中心开始，沿径向每隔 1cm 测 1 次 $\boldsymbol{B}$ 的大小，直至线圈边缘。

3. 描绘亥姆霍兹线圈磁场的均匀区

两个共轴的匝数和面积相同的圆形电流，如果它们之间的平均距离恰好等于圆电流的平均半径，并且通以大小和方向相同的电流，那么这一对线圈就称为亥姆霍兹线圈(图 21-7)。从理论上可以证明：在亥姆霍兹线圈几何中心附近的磁场是均匀的，因此它获得了广泛的应用。

将图 21-4 的圆线圈 A 和 B 串联起来，用低频信号发生器给它们供电，输出频率和输出电压与前面两个实验相同。

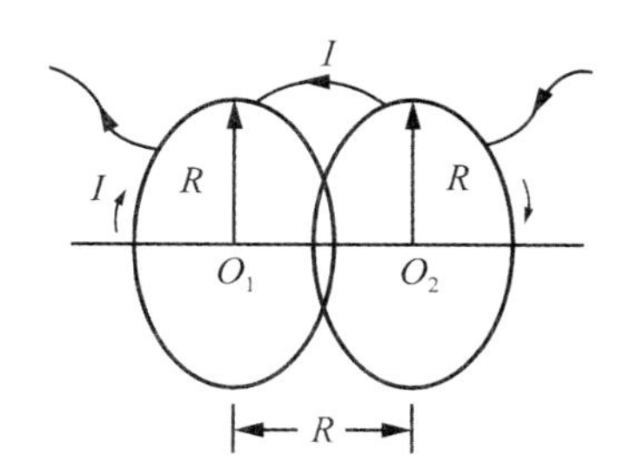

图 21-7　亥姆霍兹线圈

首先测出探测线圈在亥姆霍兹线圈中心点的最大感生电流，然后在其周围定出和最大感生电流的相对误差不超过±1.0%的区域，同时比较该区域内各点的磁场方向是否相同。

六、实验思考题

1. 如圆形线圈中通以支流电，则空间各点的磁场如何测量？
2. 磁场是符合逆加性原理的。叙述用实验证明此原理的方法和步骤。
3. 本实验是根据什么来验证毕奥-萨伐尔定律的？

实验二十二　惠斯通电桥测中值电阻

一、实验目的

1. 掌握用惠斯通电桥测量电阻的原理；
2. 学会用电桥测量电阻的方法；
3. 了解电桥灵敏度的概念及其测量方法。

二、实验仪器用具

滑线式电桥、箱式电桥、直流电源、滑线电阻器、电阻箱、被测电阻、检流计、开关等。

三、实验原理

电桥是电磁测量的重要仪器之一，它的优点是灵敏度和准确度都较高，因此应用相当广泛。电桥分直流电桥和交流电桥两大类，直流电桥又分为单电桥和双电桥。前者称为惠斯通电桥，主要用来精确测量中等阻值的电阻(简称中值电阻，阻值范围 $1\sim10^6\Omega$)；后者称为凯尔文电桥，适用于低值电阻(10Ω 以下)的测量。

用伏安法测电阻时，除了因所用的电流表和电压表准确度不高而带来误差，还有线路本身(电流表内接或外接)所带来的方法误差(见实验二十)。电桥电路却不存在这些弱点，因为它无须使用电流表和电压表，而是直接将被测电阻与已知电阻相比较。由于已知电阻的误差可以很小，所以用电桥法测电阻可以达到较高的精确度。

惠斯通电桥的电路如图 22-1 所示。图中的电阻 R_1、R_2 和 R_0 是已知的，R_x 是未知的，它们称为桥臂电阻；接有检流计 G 的支路 BD 称为“桥”。接通电源和检流计支路，调节桥臂电阻，能使检流计支路的电流 $I_g=0$，此时，我们称电桥处于平衡状态。因为 $I_g=0$，所以 B、D 两节点的电位相同，因此 $I_1R_1=I_2R_2$，$I_4R_x=I_3R_0$，而且 $I_1=I_4$，$I_2=I_3$，由此可得

$$\frac{R_x}{R_1}=\frac{R_0}{R_2}\quad 或者\quad R_x=\frac{R_1}{R_2}R_0 \tag{22-1}$$

如果 R_1/R_2 和 R_0 可直接读数，则由上式可算出被测电阻 R_x 的阻值。R_1/R_2 称为比例

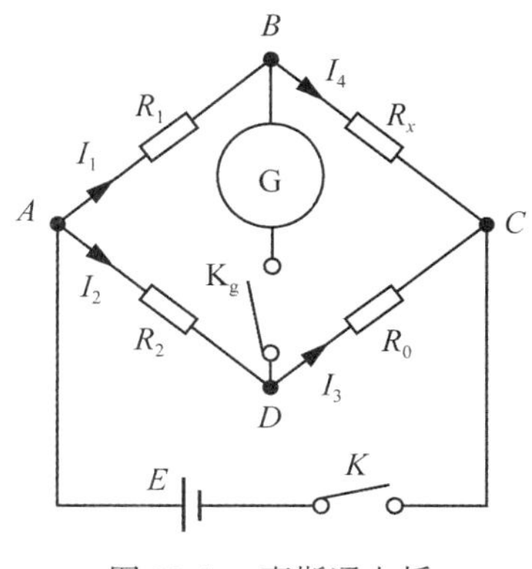

图 22-1　惠斯通电桥

系数，又称为倍率；R_0 称为比较臂，R_x 称为测量臂。式(22-1) 称为电桥的平衡条件。

可以证明：如果将检流计支路与电源支路对调位置，平衡条件并不改变。

1. 滑线式(板式) 惠斯通电桥

图 22-1 中的电阻 R_1 和 R_2 如用一根粗细均匀的电阻丝 AB 代替，触点 C 可在电阻丝 AB 上左右滑动，则这种电桥称为滑线式惠斯通电桥(图 22-2)。接通电源后，调节滑动点 C 的位置或改变可调电阻 R_0 的阻值，使电桥处于平衡状态。记电阻 AC 段的长度为 L_1，CB 段的长度为 L_2，它们的阻值分别为 R_1 和 R_2。

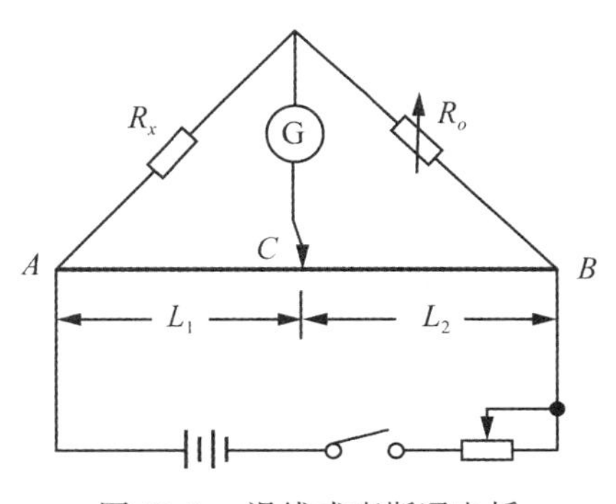

图 22-2　滑线式惠斯通电桥

因为

$$\frac{R_1}{R_2}=\rho\frac{L_1}{S}\bigg/\left(\rho\frac{L_2}{S}\right)=\frac{L_1}{L_2}$$

将此式代入式(22-1) 得

$$R_x=\frac{L_1}{L_2}R_0 \tag{22-2}$$

因长度 L_1 和 L_2 可利用附在电阻丝旁的米尺直接读出，R_0 又是已知的，所以利用式(22-2) 就可算出 R_x 的值。

2. 箱式惠斯通电桥

除被测电阻 R_x，将电桥的其余元件及其连接导线均装入便于携带的箱内，这就是箱式惠斯通电桥。箱式电桥虽然型号很多，但基本结构和使用方法是一样的。下面以QJ23 型携带式直流单电桥为例加以说明。

由图 22-3 可以看出：(1)已知电阻 R_0是由 4 个可调节电阻(×1、×10、×100、×1000)组成，最小步进值为 1Ω，调节这 4 个电阻，可使 R_0在 1~9999Ω 范围内变化；(2)R_1和R_2由 8 个固定电阻组成，旋转旋钮 S，可使倍率 R_1/R_2为 0.001、0.01、0.1、1、10、100 和 1000 等 7 个数中的任何一个数。

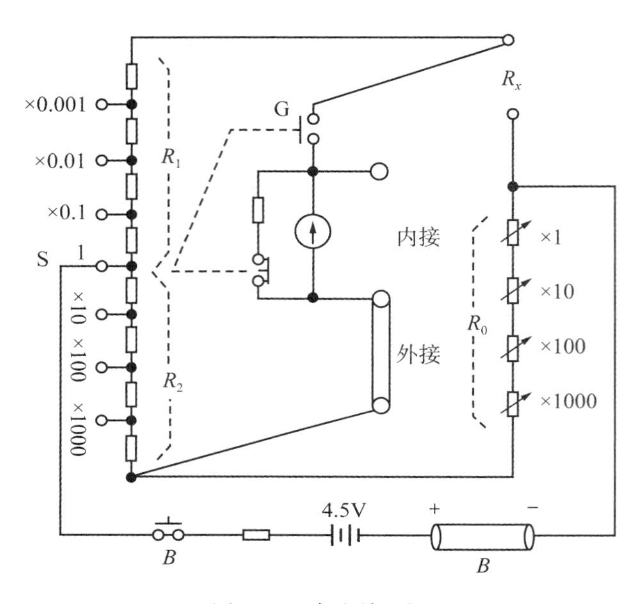

图 22-3 直流单电桥

3. 电桥的灵敏度

式(22-1)是当电桥平衡时推导出来的，而电桥是否平衡，是靠观察检流计 G 的指针有无偏转来判断的。须知，任何检流计的灵敏度总是有限的。

假设电桥当倍率 $R_1/R_2=1$ 时检流计指针为零，此时 $R_x=R_0$。如将 R_0 增加或减少一个微量 ΔR_0，电桥便失去平衡，从而有相应的电流 I_g 通过检流计。但是，如果 I_g 小到难以察觉的程度，那么我们就会误认为电桥仍处于平衡状态，此时我们仍认为 $R_x=R_0+\Delta R_0$。这个 ΔR_0 就是由于检流计的灵敏度有限而带来的测量误差。不同的检流计有不同的灵敏度，因而由它装配起来的电桥也有不同的灵敏度，所测的结果便有不同的误差。

为此，引入一个电桥灵敏度 S 的概念。它的定义是：

$$S=\Delta n/(\Delta R_x/R_x) \tag{22-3}$$

式中，ΔR_x 是电桥平衡时 R_x 的微小改变量(实际上被测电阻 R_x 是不能改变的，改变的是已知电阻 R_0。不难证明，在不改变 R_1 和 R_2 的条件下，$\Delta R_x/R_x=\Delta R_0/R_0$)，而 Δn 是由于改变为$(R_x \pm \Delta R_x)$后检流计指针的偏转格数。

当电桥灵敏度S已知时，就可知道因灵敏度有限而带来的测量误差的数值。说明如下：

设当R_x(实际上是R_0)相对改变量$\Delta R_x/R_x = 1\%$时，$\Delta n = 1.0$格，则$S = 1.0/0.01 = 1.0 \times 10^2$格。通常我们能察觉出1/10格的偏转，因而只要$R_x$改变0.1%，我们就能发现电桥失去了平衡。也就是说，此时因灵敏度有限而带来的误差为0.1%。

为了提高电桥的灵敏度，可采用如下几个主要方法：

(1)采用灵敏度更高的检流计；

(2)减小检流计支路的电阻；

(3)提高电源的电动势(但不能因此而烧坏电路中的电阻)；

(4)减小电源支路的电阻。

四、实验内容及步骤

1. 用板式电桥测电阻

实验用的板式电桥如图22-4所示：粗细均匀的电阻丝AB(滑线)紧张于米尺上，两端分别用两块铜板将其固定，另一长铜板MN装有3个接线柱，使接线方便。图中与检流计串联的电阻R_1是供保护检流计用的；与电源串联接在一起的电阻R_2，起限流作用。

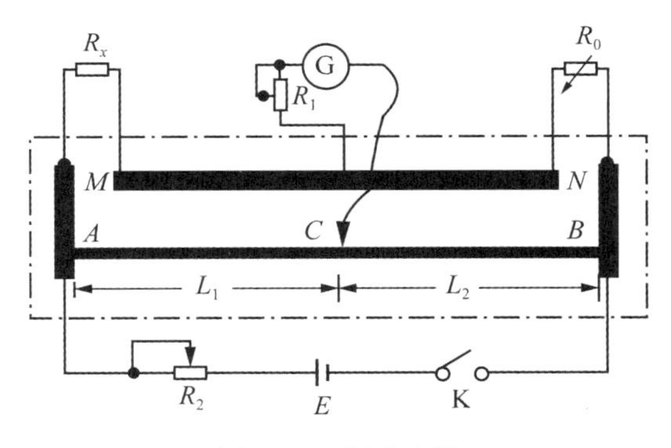

图22-4　板式电桥

(1)按图连接电路(R_1和R_2取最大值)，滑动端C放在电阻丝AB的中点附近(可以证明：在其他条件不变的情况下，当$L_1/L_2 = 1$时，电桥灵敏度最高)。可调电阻R_0取与被测电阻R_x相近的阻值。

(2)接通电源，按下触头C，使之与电阻丝接触良好。调节R_0的阻值，使电桥接近平衡，将保护电阻R_1短接，减小限流电阻R_2，进一步调节R_0使电桥处于平衡状态。记此时比较臂的阻值为R'_0。

(3) 在保持触头 C 位置不变的前提下，将测量臂与比较臂互换位置，即 R_0 在左、R_x 在右，调节比较臂的阻值，使电桥再次平衡，记此时比较臂的阻值 R''_0。

(4) 计算：换位前，有 $R_x = R'_0L_1/L_2$；换位后，有 $R_x = R''_0L_2/L_1$。两式相乘，得

$$R_x = \sqrt{R'_0R''_0} \tag{22-4}$$

根据电阻箱的级别和误差传递公式，计算 R_x 的绝对误差和相对误差。

2. 用 QJ23 型电桥测电阻

(1)准备：如使用内部电源和检流计，则将被测电阻 R_x 接在面板的相应位置上；调节检流计的调零旋钮，使指针指零；估计被测电阻的阻值，将倍率旋钮 S 旋至适当的位置上，务必使测量时 R_0 有 4 位读数。表 22-1 可供选择倍率时参考：

表 22-1　选择倍率表

R_x的估值/Ω	1~10	10~100	100~1000	10^3~10^4	10^4~10^5	10^5以上
倍率 R_1/R_2的指示值	0.001	0.01	0.1	1	10	100

(2)测量：将比较臂的 4 个旋钮指在被测电阻 R_x 的估计值位置上。先按电源按钮“B”(即接通电源)后，按检流计按钮“G”(即接通检流计支路)，观察检流计指针的偏转情况：如偏向“+”的一侧，说明应增加 R_0 的值；如偏向“-”的一侧，则应减小 R_0 的值。反复调节 R_0，直到电桥平衡。读取数据，计算结果；根据箱式电桥等级，计算结果的绝对误差。

(3)注意：

①为了保护检流计，每次按按钮时，都应先按“B”，后按“G”；而每次松开按钮时，应将次序反过来，即先松“G”，后松“B”。

②按钮开关“B”和“G”应断续使用(跃接法)。尤其是检流计指针偏转急剧时，按钮“G”只能瞬时接触，否则有损坏检流计的危害。

③调节比较臂的 4 个旋钮时，应先调高倍挡(×1000)，后调低倍挡，即按“先高后低”的原则进行。如某旋钮转过一格，检流计指针便从一侧越过零点摆向另一侧，说明 R_0 的值变化太大了，应改调倍数较低的旋钮。

(4)测量完毕，应将检流计短接(即用连接片连接检流计的两端)。

3. 测量箱式电桥的灵敏度 S

(1)电桥处于平衡状态时，使电阻 R_0 增加或减少一个微小量 ΔR_0，读出检流计指针偏离零点的格数 Δn，依式(22-3) 计算电桥灵敏度 S 之值。

(2)设指针偏转的分辨能力为 0.2 格，计算被测电阻 R_x 因灵敏度有限而带来的绝对误差和相对误差。

五、实验思考题

1. 用滑线式电桥测电阻时，为什么不直接用公式 $R_x = R'_0L_1/L_2$ 计算，而改用

式[(22-4)]计算？

2. 能否用惠斯通电桥测伏特表的内阻？如能，请画出测量用的电路图。此时能否省略检流计？

3. 在箱式电桥中选择倍率的原则是什么？假如 $R_x = 200\Omega$，能否选 R_1/R_2 为 1 或 0.01？为什么？

4. 能否用惠斯通电桥准确测量一段粗导线或 $10^6\Omega$ 以上的电阻？想一想或试一试。

实验二十三　伏安法测电阻

一、实验目的

1. 掌握用伏安法测电阻的方法；
2. 了解二极管的伏安特性；
3. 正确掌握用伏安法测电阻时安培表的两种接法；
4. 学习用作图法处理数据。

二、实验原理

所谓用伏安法测电阻，就是用电压表测量加于待测电阻 R_x 两端的电压 U，同时用电流表测量通过该电阻的电流强度 I，再根据欧姆定律 $R_x = U/I$ 计算该电阻的阻值。因为电压的单位为“伏”、电流的单位为“安”，所以这种方法称为伏安法。

1. 安培表的两种接法及其方法误差

用伏安法测电阻，安培表有如图 23-1 所示的两种不同接法，其中图(a)称为安培表内接，图(b)称为安培表外接。无论哪种接法，都有一个方法误差问题。分析如下：

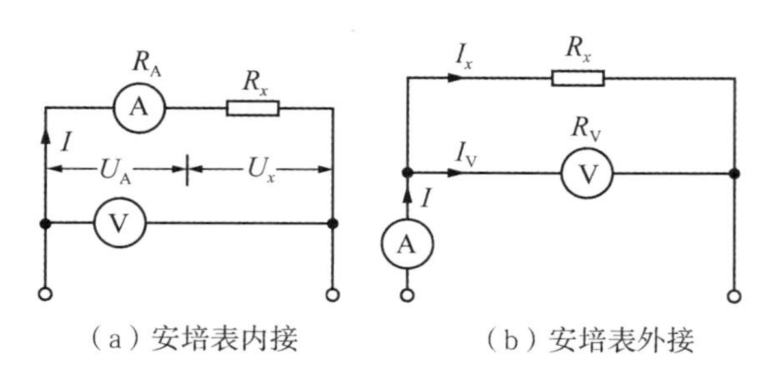

图 23-1　安培表

1)安培表内接

由图 23-1(a)可知：安培表准确地测定了流过被测电阻的电流 I，但伏特表所测的是被测电阻端电压 U_x 与安培表端电压 U_A 之和。显然，按欧姆定律算出的电阻为

$$R=\frac{U}{I}=\frac{U_x+U_A}{I}=R_x+R_A \tag{23-1}$$

由上式可知，测得值 R 比被测电阻的实际值 R_x 要大一些，这就是由于安培表内接所带来的方法误差。如果 $R_A<<R_x$，则这种方法误差可以忽略不计。

2）安培表外接

由图 23-1(b)可知，伏特表准确地测定了被测电阻 R_x 的端电压 U。但安培表所测的却是流过被测电阻的电流 I_x 与流过伏特表的电流 I_V 两者之和。此时，由欧姆定律算出的阻值为

$$R=\frac{U}{I}=\frac{U}{I_x+I_V}=\frac{U}{I_x(1+I_V/I_x)}=\frac{R_x}{1+R_x/R_V} \tag{23-2}$$

式中，R_V 为伏特表的内阻。由此可知：测得值 R 比被测电阻的实际值 R_x 要小一些。由此产生的误差，就是由于安培表外接所带来的方法误差。如果 $R_V>>R_x$，这种方法误差可以忽略不计。

由以上的分析得出结论：当 $R_A<<R_x$ 时，宜采用安培表内接；当 $R_V>>R_x$ 时，宜采用安培表外接；除这两种情况，一般都应根据式(23-1)或式(23-2)计算 R_x。

2. 线性电阻和非线性电阻的伏安特性曲线

如一个电阻元件两端的电压与通过的电流成正比，则以电压为横轴、以电流为纵轴所得到的图像是一条通过坐标原点的直线，如图 23-2(a)所示，这种电阻称为线性电阻。

如电阻元件的电压与电流不成正比，则由实验数据所描绘的 $I-U$ 图像为非直线，这种电阻称为非线性电阻。晶体二极管的特性就属于这种非线性情况，如图 23-2(b)所示。

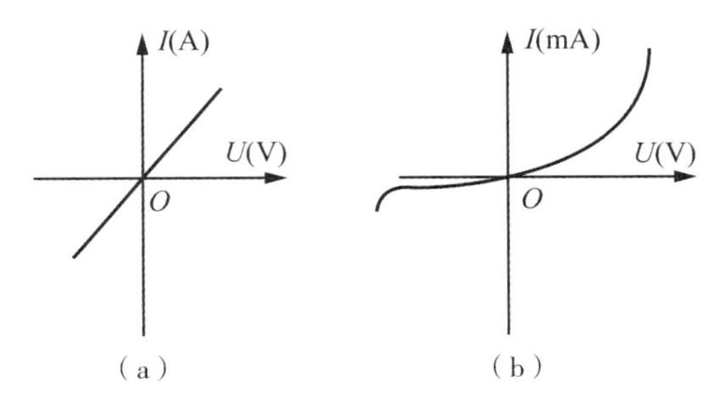

图 23-2　伏安特性曲线

2AP 型晶体二极管，它的结构和符号如图 23-3 所示。把电压加在二极管的两端，如它的正极接高电位点、负极接低电位点，即加正向电压，则电路中有较大的电流(毫安级)，且电流随电压的增加而增加，但不成比例；如二极管的正极接低电位点、负极接高电位点，即加反向电压，则电流非常微弱(微安级)，电流与电压也不成比例；当反向电压高到一定数值时，电流急剧增加，以致击穿。

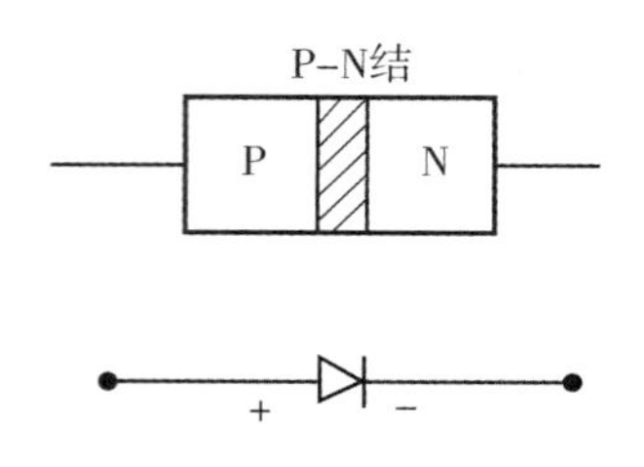

图 23-3　2AP 型晶体二极管

在使用二极管时，应查阅有关手册，了解允许通过它的最大正向电流和允许加于它两端的最高反向电压。

三、实验内容与步骤

1. 测线性电阻

(1)测量电路。供电部分采用分压电路，负载部分采用电流表内接或外接(R_A、R_V由实验室给出)。

(2)由小到大地均匀测量 5~10 组电压、电流值，填入自己设计的数据表格(注意有效数字)。

(3)在坐标纸上描点连线。在所连的直线上读取相距较远的两点的坐标，计算 R_x。

2. 测晶体二极管的正向特性

测量电路如图 23-4 所示。

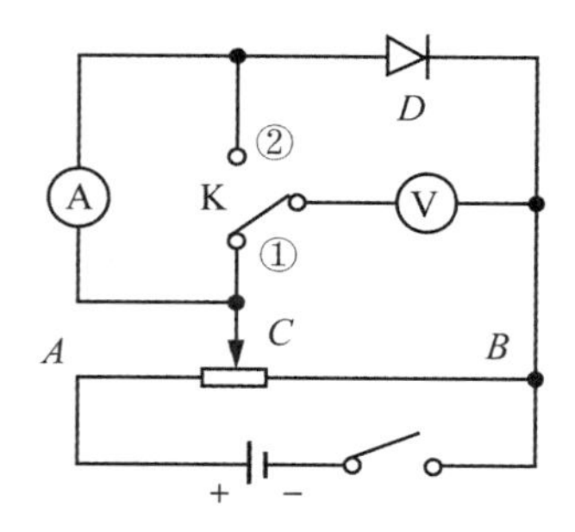

图 23-4　正向测量电路

当二极管内阻 $R_x>>R_A$时，采用安培表内接(K 与①相接)；当 $R_x<<R_V$时，K 与②相连。注意：R_x会随所加电压的变化而发生变化。

缓慢地将滑线电阻的滑动端 C 自 B 端移向 A 端，仔细观察电压和电流的增长情况：当电压均匀增加时，电流是否也均匀增加？

正向电压自零开始，每增加一个电压值，读取一次电流，共读取 6~10 组数据，并填入事先准备好的数据表格。注意：在曲线拐点处，电压间隔应取小一些。

3. 测量晶体二极管的反向特性

测量电路如图 23-5 所示。因二极管的反向电阻比电流表的内阻大得多，故采用电流表内接。因反向电流极小，故用微安表量度。

将滑线电阻的滑动端 C 自 B 端移动向 A 端，每隔一定的电压间隔，读取一组电压和电流的数据，共测若干组。

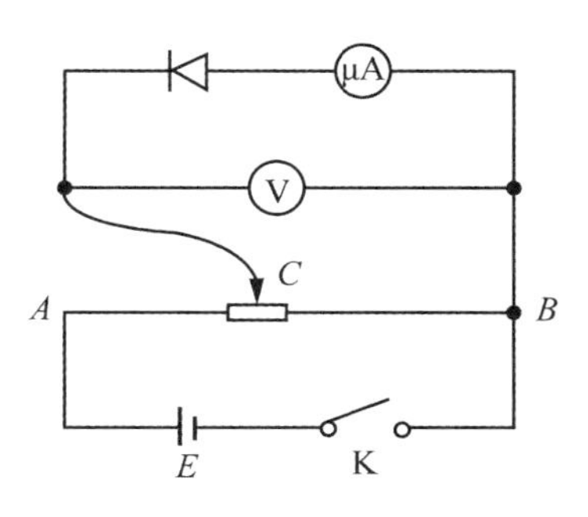

图 23-5　反向测量电路

4. 画二极管的伏安特性曲线

以电压为横坐标、电流为纵坐标，根据实验所得的数据作出被测二极管的伏安特性曲线。注意：无论横轴或纵轴，在其正向和反向都可取不同的坐标分度。

四、实验思考题

1. 分析用作图法求电阻的误差来源，并估计所求电阻误差的大致范围。

2. 根据你的实验数据，2AP 型二极管的正向电阻的数量级范围是多少？反向呢？

3. 用伏安法测线性电阻时，如方法误差可忽略不计，根据所用电表的级别和误差传递公式，你所测的电阻的最大相对误差是多少？

实验二十四　电位差计测电池的电动势和内阻

一、实验目的

1. 掌握用补偿法测电动势的原理；
2. 测量干电池的电动势和内阻。

二、实验仪器用具

十一线电位差计、直流稳压电源、标准电池、检流计、电阻箱、滑线电阻器、双刀开关、单刀开关等。

三、实验原理

电池放电时，路端电压 $U=\varepsilon-Ir$。因此用伏特表直接与电池两端相接时，所测的只是电池的端电压，它小于电动势。要测量电动势，必须设法使电流不通过电源，使内阻 r 上的电压降为零。电位差计就能满足这个要求。它是将一个可调并且可直接读出数的电压与电动势相互比较，或者说用已知电压与未知电压相互补偿。因此这种方法称为比较法或补偿法。

电位差计可分为板式和箱式两种。本实验采用板式电位差计。

板式电位差计的基本结构如图 24-1 所示。图中 AB 为一根粗细均匀的电阻丝。E_0 为工作电源，ε_s 为标准电池的电动势，ε_x 为被测干电池的电动势，电池之间接有转换开关。C 端、D 端均可在电阻丝 AB 上滑动。

当检流计所在支路断开时，在工作回路 E_0ABE_0 中有定值电流 I_0 通过，在电阻丝 AB 上电势均匀降落。

如将转换开关倒向 s 端，C、D 端滑至位置 C_1、D_1，则 $C_1D_1G\varepsilon_sC_1$ 组成闭合回路，并称它为比较回路。在检流计支路中是否有电流 I_0 通过呢？这应取决于电阻丝的电压 U_1 与标准电动势 ε_s 的相对大小，情况有三：

（1）如 $U_1>\varepsilon_s$，则有电流自左向右通过检流计 G；

（2）如 $U_1<\varepsilon_s$，则有电流自右向左通过检流计 G；

（3）如 $U_1=\varepsilon_s$，则 $I_0=0$，检流计指针不偏转。此时

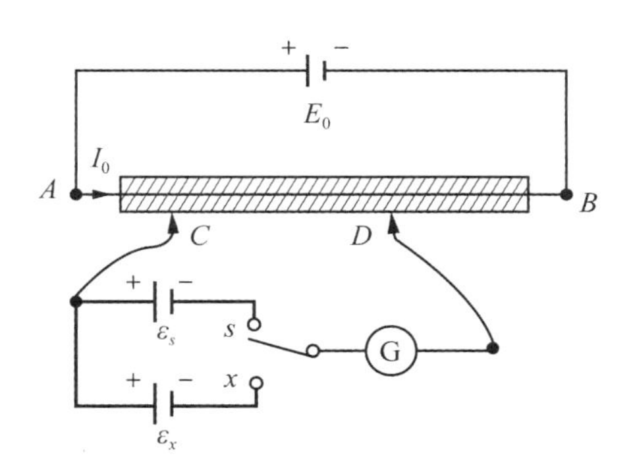

图 24-1　基本结构

$$\varepsilon_s = U_1 = I_0 R_1 \tag{24-1}$$

式中，R_1 为电阻丝 C_1D_1 段的阻值。

如将转换开关倒向 x 端，且分别改变 C 端和 D 端的位置至 C_2 和 D_2，则 $C_2D_2G\varepsilon_xC_2$ 组成闭合回路，并称它为测量回路。如 C_2 和 D_2 的位置适合，使 C_2D_2 的电压 U_2 恰好等于 ε_x，则检流计指针不偏转，此时

$$\varepsilon_x = U_2 = I_0 R_2 \tag{24-2}$$

式中，R_2 为电阻丝 C_2D_2 段的电阻。

比较式(24-1) 和式(24-2)，得

$$\varepsilon_x = \varepsilon_s R_2 / R_1 \tag{24-3}$$

因电阻丝 AB 是粗细均匀的，电阻之比等于相应长度之比，所以

$$\varepsilon_x = \varepsilon_s L_2 / L_1 \tag{24-4}$$

式中，L_2 和 L_1 分别为电阻丝 C_2D_2 段和 C_1D_1 段的长度，可用米尺测量。如已知标准电池的电动势 ε_s，则根据式(24-4) 便可计算 ε_x。

四、实验仪器结构

1. 十一线板式电位差计

本实验所用的板式电位差计如图 24-2 所示。图中的电阻丝 AB 长 11m，它往复地绕在 11 个接线插孔 0，1，2，…，10 上，每相邻两插孔间电阻丝的长度均为 11m。插头 C 可插在其中的任一插孔上，电阻丝 OB 旁边附近有毫米刻度的米尺，触头 D 可在电阻丝上滑动。R_0 为滑线电阻器，用它来调节工作电流。R_1 为使检流计和标准电池免受大电流冲击的保护电阻。

2. 标准电池

这是一种用来做标准电动势的原电池，分饱和式和非饱和式两种。饱和式标准电池的内阻较高，在充放电情况下会极化，因而不能用它来供电。当温度恒定时，它的电动势相当稳定。但在不同的温度下，它的电动势略有变化，必须按下述经验公式进行温度

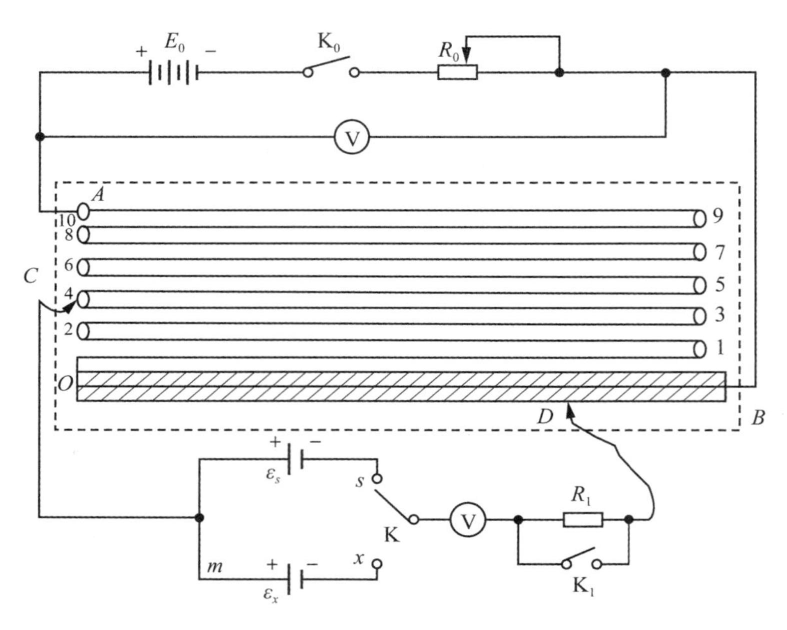

图 24-2　板式电位差计

修正：

$$\varepsilon_t = \varepsilon_{20} - [40(t - 20) + 0.93\,(t - 20)^2] \times 10^{-6}\ (\text{V})$$

式中，ε_{20}是+20℃时的电动势，其值由标准电池的鉴定书确定。

使用标准电池时应注意如下几点：

(1)不能倾斜、摇晃和振动，更不可以翻倒；否则，将引起电动势的变化。

(2)正负极不能接错。通入或取标准电池的电流不应大于$10^{-5}\sim10^{-6}$A。不允许用电压表去测量它的电动势，更不允许将两电极短路连接(为什么?)。

(3)应防止阳光照射，不能与热源、冷源直接接触。

五、实验内容及步骤

1. 用十一线电位差计测干电池的电动势

(1)按图 24-2 连接电路。调节滑线电阻 R_0，使电压表指示 2.2V 左右(每米电阻丝上的电压约为 0.2V)，并要求在整个测量过程中保持稳定。

(2)将转换开关 K 倒向 s 端。根据标准电池电动势 ε_s 的数值(例如 1.0186V)，适当选择插塞 C_1 的位置和滑动端 D_1 的位置，使检流计指针几乎不偏转。合上开关 K_1(短接保护电阻 R_1)，提高电位差计的灵敏度，进一步细调滑动端 D_1 的位置，使 $I_0=0$。读取电阻丝 C_1D_1 的长度 L_1 之值。

(3) 断开 K_1，将转换开关倒向 x 端，根据被测干电池电动势的估计值，适当选择插塞 C_2 和滑动端 D_2 的位置，使通过检流计的电流 I_G 几乎为零。闭合 K_1，进一步细调 D_2

的位置，使 $I_G=0$，读取此时电阻丝 C_2D_2 段的长度 L_2 之值。

按以上步骤重复测量 3 次，取 L_1 和 L_2 的平均值代入式(24-4) 计算 ε_x。

(4) 根据实际情况估计 L_1 和 L_2 的绝对误差，并计算 ε_x 的相对误差。

2. 测干电池的内阻

用电位差计测电池内阻的部分电路如图 24-3 所示。合上开关 K_2，电路中便有电流 I 通过，因电池的端电压 $U=\varepsilon_x-Ir$，所以

$$r=\frac{\varepsilon_x-U}{I}=\frac{\varepsilon_x-U}{U/R}=\frac{\varepsilon_x-U}{U}R \tag{24-5}$$

式中，R 为干电池放电时的外电阻，取值 50Ω 左右。

测量时将图 24-3 中的 m、x 两点接到图 24-2 的对应点 m、x 上去。合上开关 K_2，调节插塞 C_3 和滑动端 D_3 的位置，使通过检流计的电流为零。读取电阻丝 C_3D_3 的长度 L_3 的数值，测 3 次。

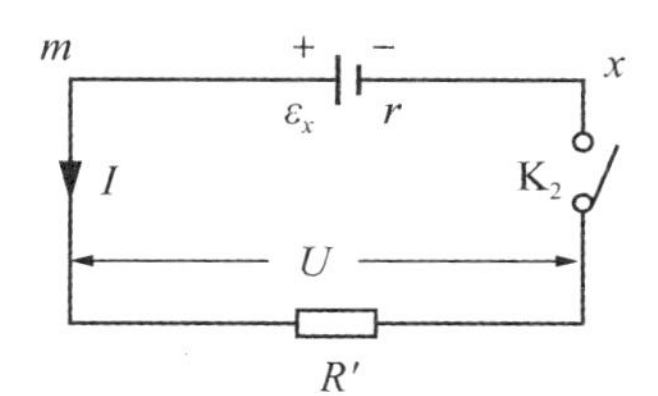

图 24-3　接线图

注意：被测电阻应断续放电。

不难证明，式(24-5) 可改写为：

$$r=\frac{L_2-L_3}{L_3}R \tag{24-6}$$

将 L_2、L_3 和 R 之值代入上式，算出干电池内阻 r 之值，并计算它的误差。

注意：为了避免较大电流通过标准电阻，测量时应先接通工作回路，后接通比较回路；测量完毕时应先断开比较回路，再断开工作回路。

六、实验思考题

1. 用电位差计测电动势的物理思想是什么？

2. 工作电源 E_0、标准电池 ε_s 和被测电池 ε_x 这三个电源的极性能否部分反接？能否全部反接？为什么？

3. 在实验中，合上开关 K_0，将转换开关 K 倒向 s 端或 x 端，如果出现“无论怎样改变插塞 C 和滑动端 D 的位置，检流计总是偏向一边而找不到平衡点”的现象，试问有哪些可能的原因。

4. 证明 $(\varepsilon_x-U)/U=(L_2-L_3)/L_3$。

5. 本实验为什么要用 11 根电阻丝，而不是简单地只用 1 根？

实验二十五　示波器的使用

一、实验目的

1. 了解通用示波器的结构和工作原理；
2. 了解通用示波器各个旋钮的作用和使用方法；
3. 观察各种周期信号的波形；
4. 观察利萨如图形。

二、实验仪器用具

通用示波器、信号发生器(多波形)、低频信号发生器等。

三、实验原理

电子示波器(简称示波器)能够简便地显示各种电信号的波形。一切可以转化为电压的电学量和非电学量以及它们随时间作周期性变化的过程都可以用示波器来观测。示波器是一种用途十分广泛的测量仪器。

1. 示波器的结构简介

示波器包括示波管、X 轴放大器(或衰减器)、Y 轴放大器(或衰减器)、扫描发生器和电源等 5 个部分，其结构方框图如图 25-1 所示。

示波器的核心是示波管，它由电子枪、偏转电极和荧光屏等 3 个部分组成。电子枪包括灯丝 h、阴极 K、栅极 G、第一阳极 a_1、第二阳极 a_2 等。阴极受热发射出来的电子流，经栅极的限流和第一阳极、第二阳极的加速与聚焦，形成一束很细的具有一定能量的电子束，射向荧光屏使荧光物发光。调节第一阳极的电压，可以改变电子束的粗细，称为聚焦调节。栅极的电位比阴极低，调节栅极电位的高低，能控制电子流的密度，从而控制荧光屏上光斑的亮度，因而叫辉度调节。水平偏转电极 (X, X) 和竖直偏转电极 (Y, Y) 组成静电偏转体系统。当偏转电极加了一定的电压时，两极之间形成电场，电子束在这个电场的作用下发生偏转，荧光屏的亮斑发生相应的位移。可以证明：亮斑的大小与偏转电压成正比。

X 轴和 Y 轴放大器(或衰减器)的作用是放大弱信号(或衰减强信号)，使偏转电极

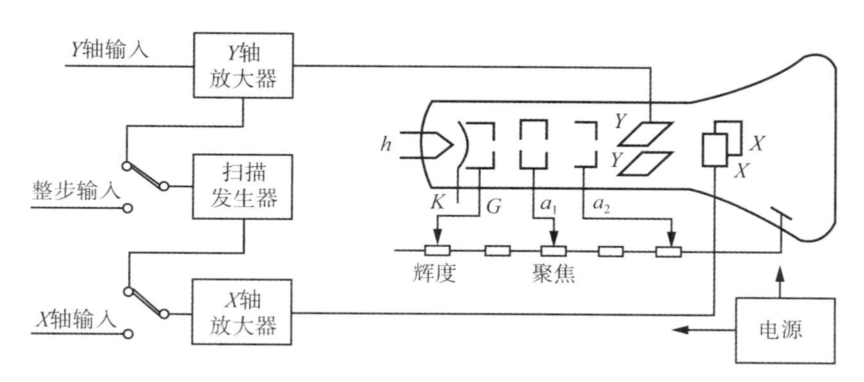

图 25-1　示波器结构

的电压不太低(或不太高)，使亮斑既有明显的位移，而又不至于超出荧光屏的范围。

扫描发生器包括锯齿波发生器、同步电路和抹迹电路。锯齿波发生器提供线性扫描电压，其波形如图 25-2 所示。锯齿波电压经 X 轴放大器放大后加在水平偏转电极上。同步电路的作用是使锯齿波的周期与加于竖直偏转电极的被测信号的周期相同或成整数倍关系，这种作用叫同步(或整步)。抹迹电路的作用是隐匿锯齿波的回扫线(图 25-2 中的 BC 段等)。

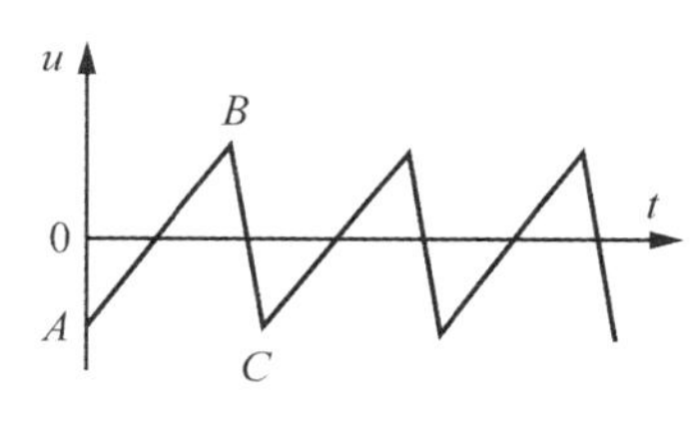

图 25-2　波形图

2. 示波器显示波形的原理

如在水平偏转电极上加上一个随时间做线性变化的周期性电压，即锯齿波电压，则此电压使光斑在水平方向做周期性的匀速运动。如同时在竖直偏转电极上加上被测信号电压，则锯齿波电压便能将此信号的波形在荧光屏上展开。锯齿波的这种作用称为扫描。图 25-3 为竖直偏转电极加正弦电压、水平偏转电极加锯齿波电压时在荧光屏上呈现的合成图形。

当正弦电压的周期 T_y 与锯齿波电压的周期 T_x 恰好相等时，正弦电压变化一周，光斑正好扫描一次。以后各次扫描所得到的图形与第一次完全重合，因而在荧光屏上呈现出稳定的正弦图形；如 $T_x = 2T_y$，则在荧光屏上显示出连续的两个正弦波形，其余类推。

但是，锯齿波电压和被测信号电压来自两个不同的信号源，周期间的整数倍关系难以长时间维持不变。当整数倍关系相差很小时，荧光屏上的波形在水平方向发生移动；

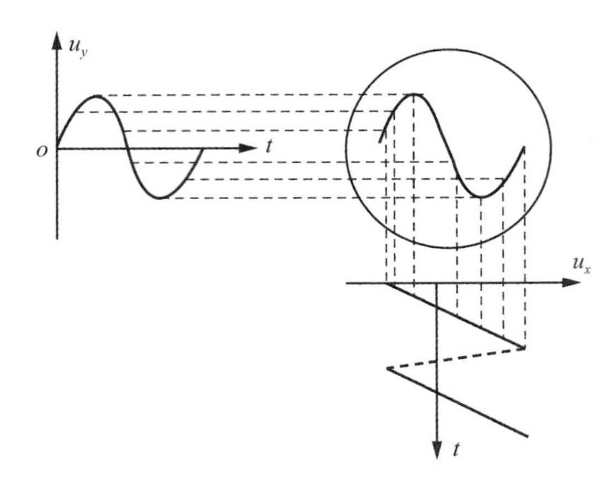

图 25-3　波形合成图

当整数倍关系相差较大时，波形将很混乱。为了使波形稳定，需要细心地调节锯齿波电压的频率，然而光靠人工调节还不够，在示波器内部还必须有频率跟踪的自动装置，这个装置就是同步(整步)电路。在人工调节的基础上“整步”作用，就能获得稳定的波形。

3. 示波器各旋钮的作用与使用方法

图 25-4 是 SB10 型通用示波器的面板图，图中各个旋钮的作用和用法叙述如下：

(1) X 轴位移和 Y 轴位移：这是两个电位器，分别调节这两个旋钮，可以使亮斑(或图形)左右或上下移动，使之处于便于观察的位置。

(2)辉度：用来控制亮斑或图形的明亮程度。

(3)聚焦：用来控制亮斑的大小或亮线的粗细。

(4) X 轴增幅和 Y 轴增幅：分别用来控制图形在水平方向或竖直方向的幅度大小。

(5) X 轴衰减和 Y 轴衰减：分别使输入的强信号受到衰减。分“1”“10”“100”三挡，它们分别表示将输入信号电压衰减到原来的 1、10^{-1}和 10^{-2}倍。

(6)扫描范围：这是一个多掷开关，有 6 个位置。其中“关”表示关闭扫描发生器，其余各位置分别表示用于扫描的锯齿波电压的频率范围。

(7)扫描微调：调节这个电位器可以在“扫描范围”所指的频率范围内连续改变扫描频率。要使锯齿波的周期 T_x 恰好等于被测信号周期 T_y 的整数倍，就要在合适的频率范围内仔细调节这个按钮，使图形移动尽可能缓慢，然后才调即将介绍的“整步增幅”旋钮。

(8)整步选择：这个多掷开关有 4 个位置——“内－”“内＋”“电源”和“外”。其中“内－”或“内＋”分别表示输入到扫描发生器的整步信号来自 Y 轴放大器输出级的负端或正端；“电源”表示整步信号来自示波器的电源部分；“外”表示整步信号是从“整步输入”接线柱引入的外来信号。使用外整步信号时，“扫描范围”应放在“关”的位置上。

(9)整步调节：调节这个电位器可改变整步电压的高低，所以又叫“整步增幅”。为了使被观测的波形不失真，整步电压越小越好。所以调节“整步增幅”时应从零开始，慢慢地使整步电压升高。一旦图形稳定，就应停止增幅。

(10)试验信号：它是从示波器电源变压器引出的交流电压。如需观察示波器电源的正弦波形，可将“试验信号”与“Y轴输入”两个接线柱用导线连接起来。

(11)接地：示波器的输入有一端是接“地”的，如图25-4所示。如被测信号亦有“地”，应将这两个“地”接在一起。

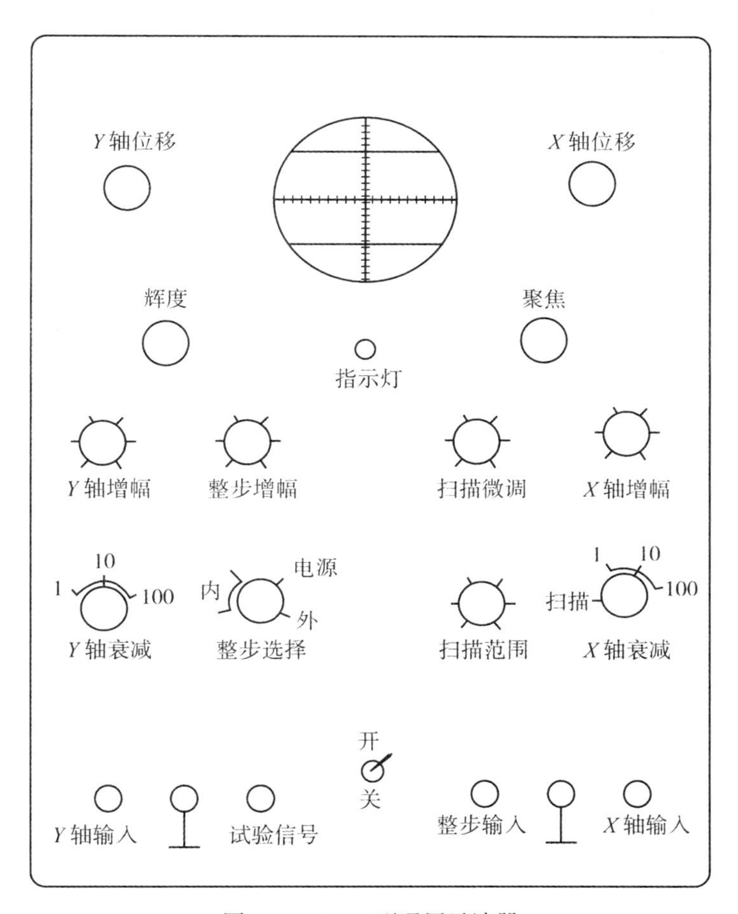

图25-4　SB10型通用示波器

四、实验内容及步骤

1. 用示波器观察交流电的波形。

(1)开启电源，预热10分钟。调节“辉度”旋钮，使光斑亮度适当。注意不要使亮度太强，更不要使强亮斑长时间地停在一个位置上，以免灼伤荧光屏。分别调节“X轴位移”和“Y轴位移”，把亮斑移到荧光屏的中心。调节“聚焦”按钮，使亮斑直径最小。将“X轴衰减”拨向“扫描”位置，亮斑便展成一条水平亮线。再调“X轴增幅”，使水平亮线长短合适。

(2)用短导线连接"试验信号"与"Y 轴输入"，"扫描范围"指向"10～100"的位置，"整步选择"指向"内－"或"内+"，调节"扫描微调"和"整步增幅"，使荧光屏上出现 1 个、2 个或 3 个稳定的正弦波形。调节"Y 轴增幅"，使正弦波的幅值适当。

2. 观察锯齿波、方波和尖脉冲波的波形，或整流滤波电路的各种波形。

将(多波形)信号发生器的 2 个输出端与示波器的"Y 轴输入"和"接地"相连，用同样的办法分别观察锯齿波、方波和尖脉冲的波形，也可以观察整流、滤波电路各部分的波形。

3. 用示波器测交变电压。

在示波器上测交变电压的根据是：在一定的条件下，示波器光斑的偏转量与加于偏转电极上的电压成正比。因此，可以先测定比例系数，再根据偏转量算出被测电压的大小；也可以将被测电压与已知电压先后输入示波器，比较它们在荧光屏 Y 轴上幅值的大小。已知电压通常为方波电压，而被测电压可以是正弦电压或其他电压。

例如，已知方波电压 $U_0=5.0\text{V}$，它在 Y 轴上的高度 $H=2.0\text{cm}$；若某被测正弦电压在 Y 轴上的高度 $H_X=8.0\text{cm}$，则该电压的峰值为

$$U_{P-P}=\frac{H_X}{H_0}U_0 \tag{25-1}$$

该电压的有效值为

$$U_X=\frac{U_{P-P}}{2\sqrt{2}} \tag{25-2}$$

注意：

①已知电压频率应与被测电压频率接近。

②作上述比较时，不能调节"Y 轴增幅"。

③如被测电压是先经过衰减(例如 0.1)的，则该电压的实际值是上述结果的相应倍数(例如 10 倍)。

4. 观察利萨如图形。

当示波器的水平偏转电极和竖直偏转电极同时加上正弦电压时，如这两个电压的频率相等，那么荧光屏上的亮斑一般作椭圆运动，人眼看到的是一条椭圆曲线；如两正弦电压的频率之比恰好等于整数，则人眼看到的是一个封闭曲线，这种图形称为利萨如图形(图 25-5)；从图中可以看出，利萨如图形的形状不仅与两正弦信号的频率之比有关，还与两正弦信号的位相差有关。

从图 25-5 中还可以看出一个重要事实：这些图形分别与水平切线和竖直切线接触次数之比，便是竖直偏转电压与水平偏转电压的频率之比。即

$$\frac{f_y}{f_x}=\frac{\text{图形与水平切线接触次数 }N_x}{\text{图形与竖直切线接触次数 }N_y}$$

因此，如果已知其中一个交变电压的频率，便可根据图形求出另一交变电压的频率。观察步骤自拟。

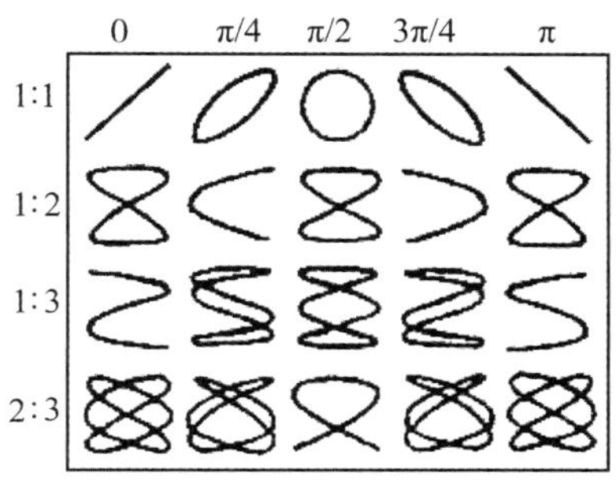

图 25-5　利萨如图形

5. 观察其他型号示波器的面板，研究它们的使用方法。

五、实验思考题

1. 示波器为什么能显示被测信号的波形？

2. 已知示波器是正常的，但由于各旋钮的位置不合适，因而开机后看不到亮斑。试问应采取哪些措施？

3. 如果在荧光屏上看到的被测波形不断向右移动，试问此时的锯齿波频率是偏高还是偏低？为什么？应调节哪几个旋钮，波形才能稳定？

实验二十六　静电场的描绘

一、实验目的

1. 学习用模拟法研究和描绘静电场；
2. 加深对静电场和恒稳电场的理解。

二、实验仪器用具

直流电源、电压等分器、电极(如大铜环、小铜柱等)、检流计、探针、导电纸、复写纸、开关等。

三、实验原理

任何带电体周围都存在着电场。电场可由场强 E 或电位 V 的空间分布来描述。为了形象地描述电场，可在场中按规定作一系列的电力线，但由于电力线有方向性，描绘起来比较困难；而电位是标量，描绘等位面比描绘电力线方便些。因此，实验时往往先描绘等位面(在平面上的交线是等位线)，再根据电力线与等位面正交的性质，画出电力线的分布情况。

1. 直接描绘静电场的困难

直接描绘静电场是困难的。原因是任何测量仪器都由导体或电介质构成，当把这些物质引入场中时，将产生感应电荷或极化电荷，这些电荷使原电场发生畸变，使测量结果不够真实。如果改用试探电荷(电量极小)，则由于仪器很难有足够的灵敏度，因而实际上不太容易实现。

2. 用模拟场代替电场

为了克服上述困难，可以仿造一个与静电场完全相同的“模拟场”，而这个模拟场的电位分布又是很容易测量的。这样，就可以用对模拟场的测量代替对静电场的测量。因而上述困难迎刃而解。

在一定条件下，恒稳电流所激发的恒稳电场就可以作为静电场的模拟。条件是：第一，产生恒稳电流的电极的形状、位置和电位，都与激发静电场的带电体的形状、位置和电位完全相同；第二，各电极之间充满导电率较小的非良导体(如导电纸)。例如，设某静电场，它由若干个带电体所激发，它们的电位分别是 V_1，V_2，…，如图 26-1(a)所示。为了模拟这个静电场，可用形状和大小以及空间位置都相同的良导体放置于非导体之中，并且各导体的电位也分别为 V_1，V_2，…，如图 26-1(b)所示。可以证明：后者中任一点 P' 的电位 V' 等于前者电场中对应点 P 的电位 V。原因如下所述：

当非良导体内有恒稳电流通过时，在任一不包括电极在内的体积元中，虽然有电荷流进和流出，但在同一时间内，流进和流出的电量相等，在这个体积元内，既没有电荷的积累，也没有静电荷，场中任一点的电位仅仅由电极上的电荷激发，与电荷无关；另一方面，由于电极是良导体，而电极周围是非良导体，这就保证了各个电极是等位体，因而电极上的电量及其分布是不变的。既然恒稳电场空间各点的电位完全取决于电极上的电荷，而电极上的电荷又和激发静电场的带电体上的电荷相同，那么，恒稳电场中空间的电位分布就自然与相应静电场中空间的电位分布完全相同。

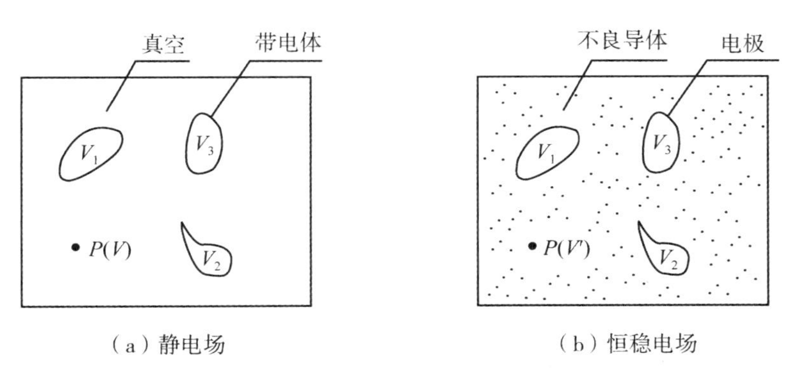

(a) 静电场　　(b) 恒稳电场

图 26-1　模拟静电场

3. 无限长均匀带电同轴柱面间的电场

为了得知静电场空间各点电位的情况，一般来说，用来代替该场的模拟电场也应该是空间分布的，也就是说非良导体应充满整个空间。但是，当激发静电场的电位分布具有某种对称性时(如：无限长均匀带电直线、无限长均匀带电同轴柱面、无限大均匀带电平面等)，其等位面和电力线是规则对称分布的。这时无须将不良导体充满整个空间，只需用一薄层非良导体充满任意一个电力线平面就行了。

例如，如图 26-2(a)所示的电位差为 U 的两无限长均匀带电同轴柱面间的电场，就可以用图 26-2(b)所示的非良导体薄层来模拟。此薄层的两电极由同心的大铜环和小铜柱组成，它们的半径和电位差均与图 26-2(a)相同，此薄层可看成图 26-2(a)中垂直于轴的某个平面。

同样，平行板电容器的静电场，也可以用两条互相平行的具有相同电位差的铜条在非良导体中的恒稳电场来模拟，如图 26-3 所示。

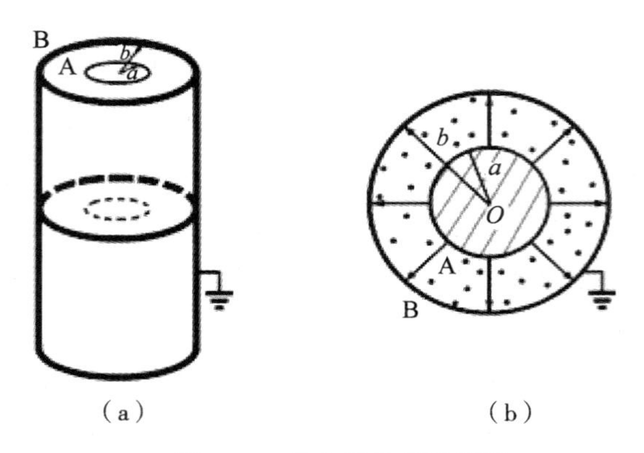

图 26-2　非良导体薄层模拟

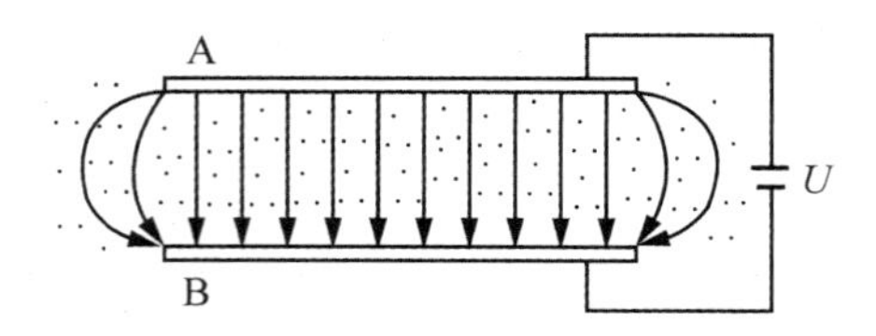

图 26-3　铜条在非良导体中的恒稳电场

实验时所用的非良导体薄层是一种导电率很小的导电纸。它由加有黏结剂的石墨粉均匀地涂在纸张的一面而制成。导电面呈黑色；反面不导电，呈灰白色。

四、实验内容及步骤

1. 描绘均匀带电同轴柱面间的等位面

实验装置和电路图如图 26-4 所示。图中的虚线框为电压等分器，它由 10 个等值电阻(每个为 1kΩ) 组成。令 0 号接头电位为零，10 号接头电位为 U，则第 1，2，3，…，9 号接头的电位分别为 $0.1U$，$0.2U$，…，$0.9U$。

(1)按图 26-4 连接电路。将检流计 G 的一端接在电压等分器的某个接头(如 1 号)上，检流计的另一端与探针相连。手持探针，使探针在导电纸上滑动，直到检流计中无电流通过(指零)为止。此时，将探针针尖稍微用力向下按一下，因为预先在导电纸上垫有复写纸，所以探针往下按的结果是在导电纸的背面留下一个点状的痕迹。绕圆心依次寻找使检流计指零的 10 个点，由这些点所连成的圆滑曲线(基本上是一个圆)便是所描绘的一条等位线。该等位线的电位便与检流计 G 相连的那个接头的电位相同(为什么?)。

(2)将检流计的一端依次接在第 1，2，3，…，9 号(或 1、3、5、7、9 号)接头上，重复步骤(1)，便在导电纸背面获得了 9 条(或 5 条)等位线。

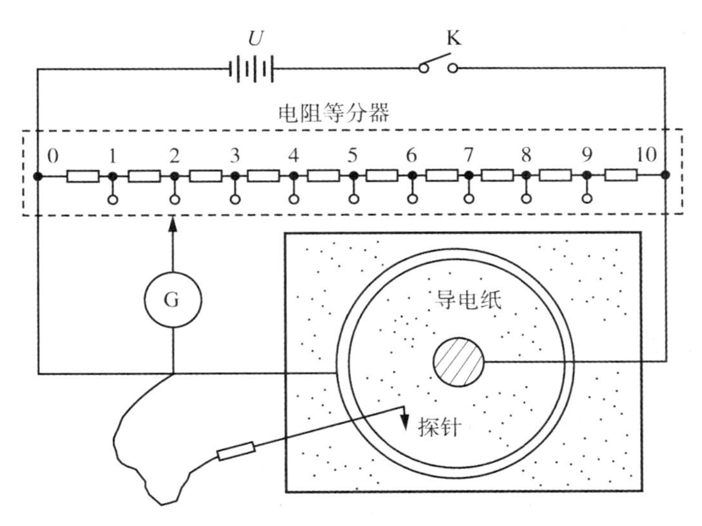

图 26-4　实验装置图

(3)根据电力线与等位线正交的性质，作出若干条(例如 8 条)电力线。

实验也可用图 26-5 所示的电路。由电源提供的定值电压加在电极 A、B 上，用电压表测量探测点 P 相对于电极 A 的电位 U_P。电势相同的若干个点所连成的曲线便是一条电位已知的等位线。依此方法，可在场中画出若干条电位不同的等位线。为了表示电场强弱的分布情况，应使两相邻等位线的电位差相等。

2. 描绘无限大均匀带电平面间的电场

实验装置和实验步骤可以仿效前述内容自拟。

要求：描绘 5~7 条等位线与电力线，并且要显示出边缘效应，如图 26-5 所示。

3. 自己设计任意形状的两个电极，描绘出该电极所激发的等位线和电力线。

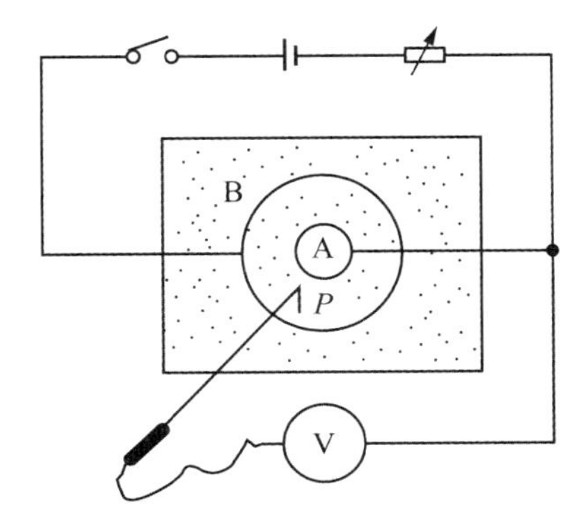

图 26-5　定值电压法

五、实验注意事项

1. 实验时必须使大铜环与小铜柱准确地同心。

2. 实验用的电极要与导电纸紧密接触。

3. 实验用的电极可以用导电性能良好的石墨胶或银粉胶代替。方法是：按电极形状要求，直接将石墨胶或银粉胶涂在导电纸上。

六、实验思考题

1. 如果模拟电场是导电纸上的两个相隔一定距离的点电极，那么它所模拟的是两个带等量异号电荷的场，还是两个无限长带等量异号电荷的均匀带电平行直线的电场？

2. 在图 26-5 中，如果电压表内阻与电极之间的电阻相差不多，对实验有何影响？电压表内阻是大好，还是小好？为什么？在图 26-4 中检流计内阻的大小对实验有无影响？为什么？

实验二十七　测量薄透镜焦距

一、实验目的

1. 掌握测量正透镜和负透镜焦距的方法；
2. 验证透镜成像公式，了解不同物距下正透镜成像位置的规律；
3. 初步学会光路的调整方法。

二、实验仪器用具

光具座、光源、正透镜、负透镜、平面镜、物屏、像屏。

三、实验原理

薄透镜焦距是标志透镜光学性能的重要物理量。由薄透镜成像的高斯公式

$$\frac{f'}{S'}+\frac{f}{S}=1$$

可知：在空气中薄透镜的焦距为

$$f'=-f=S'S/(S-S') \tag{27-1}$$

式中，f' 为像方焦距，f 为物方焦距，S' 为像距，S 为物距。式中各量均从透镜光心算起，以光线行进方向为正，相反则为负。

根据式(27-1)，测量焦距可以用以下各方法：

1. 物像公式法

以一发光物体或透光物体为物，经正透镜成实像，测出物距 S 和像距 S'，代入式(27-1)可求出 f'。此法测量误差较大。

2. 贝塞尔物像交换法

将物屏、像屏放置在大于 $4f'$ 的距离上，并固定不动。将待测正透镜在物屏、像屏之间移动，可找到两个位置Ⅰ和Ⅱ，使像屏上都得到清晰的像 PQ 和 $P'Q'$(图27-1)。这两个位置的物距、像距是互换的。即

$$S_1=-S'_2=-(L-d)/2 \tag{27-2a}$$

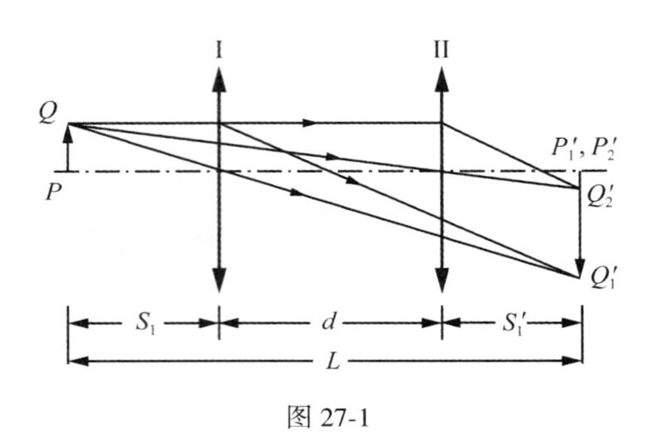

图 27-1

$$S_1' = -S_2 = (L - d)/2 \tag{27-2b}$$

将此二式代入物像公式得

$$f' = (L^2 - d^2)/(4L) \tag{27-2c}$$

因此，只需测量物屏、像屏的间距 L 和透镜两位置的间距 d 便可求出正透镜焦距 f'。

3. 自准法

如图 27-2 所示，在透镜的像前方放置一平面反射镜 M。当目标 PQ 处于透镜的前焦面时，经反射镜自准反射回来的倒像 $P'Q'$ 与物面的距离，即为焦距 f'。由于实际透镜的厚度的影响，结果精度也不甚高，但焦面位置可定得很准。

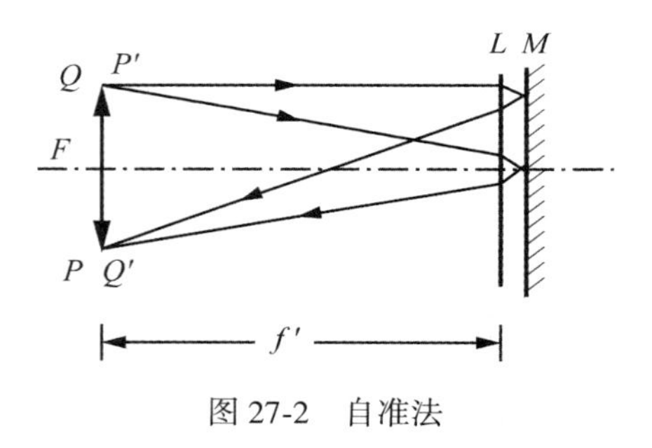

图 27-2　自准法

4. 负透镜焦距的测量方法

由于负透镜不能使实物成实像，出射光束为发散光束，因而负透镜焦距不能用简单成像法测量，而应在光路中加入一焦距与负透镜相近的正透镜，则可得到一实像 P_2'(图 27-3)。这时，正透镜 L_1 单独存在时，物 P 成实像于 P_1'，这个 P_1' 正好可看作负透镜 L_2 的"虚物" P_2，P_2 则经 L_2 成实像于 P_2'，测出负透镜的物距及像距，即 P_2、P_2' 至 L_2 的距离，用薄透镜在空气中的成像公式即可算出其焦距。

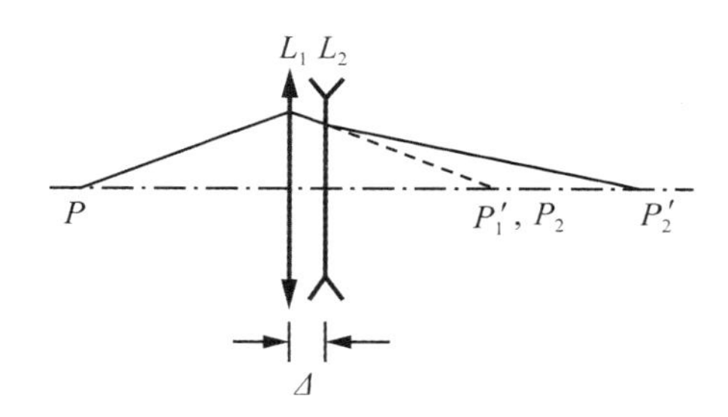

图 27-3　负透镜焦距测量方法

四、实验内容及步骤

1. 将光源、物屏、像屏、透镜置于有平导轨的光具座上，调整屏和透镜的高低及左右位置，使其中心在一条直线上，达到同轴。

2. 将物屏、像屏分开一较大距离(不得小于多少?)，待测正透镜置于其间，并来回移动，找出最清晰的成像位置。分别测出物距及像距，按式(27-1)计算 f'。改变物屏、像屏间距，重复实验 3 次，计算焦距平均值 $\overline{f'}$。

3. 将物屏、像屏间距固定，待测正透镜仍置于其间。移动透镜使之在像屏上得到一放大的清晰倒像，记下透镜位置 O_1，将透镜向右移动，又在像屏上得到一缩小清晰倒像，记下透镜此时的位置 O_2，改变屏距 L，重复 3 次，求平均焦距 f'（式(27-2c)）。

4. 在正透镜像方放置一平面反射镜，改变物屏到透镜的距离，直至在物屏上看到一与原物相同大小、倒立的清晰像时，测量物屏到待测透镜中心的距离，重复 3 次，求平均值 $\overline{f'}$。

5. 按负透镜焦距测量法，先安置辅助正透镜在物屏、像屏之间，并使正透镜成清晰像于像屏；然后将待测负透镜置于正透镜与像屏之间，移动像屏使清晰像重新出现在屏上，测出像屏第一次位置与负透镜中心的距离，即物距 S。像屏第二次位置与负透镜中心的距离，即像距 S'。将 S、S' 代入式(27-1) 可算出待测焦距 f'。改变负透镜的位置，重复 3 次，求取平均值 $\overline{f'}$。

6. 将已测出焦距的正透镜放在光具座上，分别改变物距，使 $S = |2f'|$，$S > |2f'|$，$0 < S \leqslant |f'|$，$|2f'| < S < |f'|$。分别测量它们的像距 S' 值，并观察像的大小。列表比较之，从而总结出透镜成像的规律。

五、实验思考题

1. 调节共轴要实现哪些要求？不共轴对测量有何影响？

2. 在调节成像清晰度时你是否发现，成像有一定的景深范围？这种清晰的景深范围是如何产生的？你认为选择哪个成像面更接近于近光轴的成像位置？

3. 用单色光测焦距是否更合适？为什么？

4. 试分析比较各种测焦距方法的误差来源，提出对各方法优缺点的看法。

六、注意事项

1. 光路共轴的调整

各种方法测焦距时，透镜与物屏、像屏的主光轴均应在同一条直线上，即应实现共轴性要求。调整方法如下：

粗调：将透镜及像屏等滑动到物屏处，尽量靠拢，调整各元件的高低、左右，目测使各元件中心在一条直线上，再小心分开到光具座上的各自位置。注意不要扭动或转动各元件，应使它们所在的平面均垂直于调好的轴线。

细调：保持物屏不变，作调整基准，在光具座上滑动待测透镜及像屏于不同位置，成不同大小的像。注意观察像在像屏上的中心位置是否保持不变(可在物屏、像屏上做适当标志检验)。如滑动到不同位置时，像的中心有相对移动，则仍须继续调整透镜的高低或左右，一直到像的中心移动最小时为止。

2. 理想成像位置的调整和确定

按定义，焦距是在近轴光线条件下得出的，因此测量中心必须找到近轴成像位置进行测量。实际薄透镜对轴上物点的成像有较大的色差、球差，为了减少像差的影响应尽量采用单色光照明。待测正透镜的焦距不宜选得过长，因为过长时焦深更大，正确成像位置更难找准。焦距也不能选得太短，因为光具座精度偏低，焦距过短则读数相对误差偏大。应选中等焦距，一般以 $f'=50\sim100$mm 为宜。

正透镜的球差是正的，即近轴光线经透镜折射后的交点在最右方，如图 27-4 中位置 1；而远轴光线焦点则在最左方，图中位置 3。图中 2 是最小弥散斑位置，即成像光束在此地截面积最小。

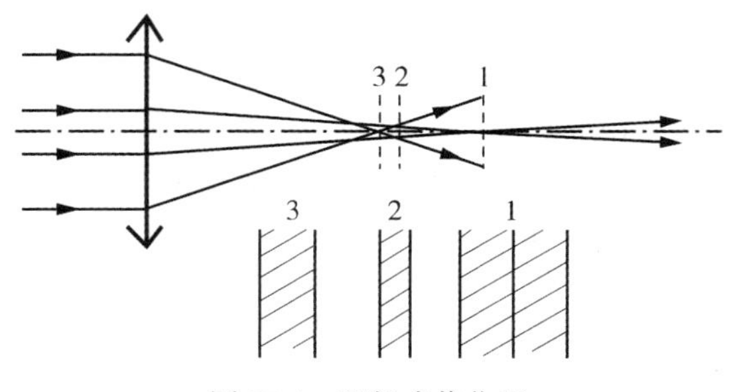

图 27-4　理想成像位置

如在物屏上放上蜘蛛丝、细纤维、头发丝等，其对应的不同位置有不同的成像情况。应选择中心为黑影，边缘散开的像面(位置1)，即像面应偏右方。不能选择靠左边、弥散斑较小的2、3位置。

如用金属箭头等粗大物做目标物成像，则应选择边缘轮廓最清晰位置的右侧而边缘轮廓略有扩散的成像位置(位置1)。如果选择最清晰成像位置左方略弥散的地方作像面，则距近轴光线成像位置1更远了，不能正确选择像面引起的误差可达几个毫米。

实验二十八　等厚干涉现象的研究

一、实验目的

1. 观察牛顿环产生的等厚干涉现象，加深对等厚干涉的认识；
2. 测量平凸透镜凸面的曲率半径。

二、实验仪器用具

牛顿环装置、钠光灯、读数显微镜(附45°玻璃片)。

三、实验原理

牛顿环是用分振幅法产生的等厚干涉现象。一个曲率半径很大的平凸透镜的凸面和一个光学平玻璃板接触，就是一个牛顿环装置。平凸透镜和光学玻璃板之间的空气膜有上下两个表面，垂直入射的单色光经这两个表面反射分成两束，光程差决定于空气膜的厚度。干涉图样是以接触点为圆心的中央疏边缘密的明暗相间的一组同心圆环，中心为暗点，条纹定域在空气膜附近。

设平凸透镜的曲率半径为 R，离接触点 O 任一距离 r 处的空气膜的厚度为 d，由几何关系(图28-1)得

$$R^2 = (R - d)^2 + r^2 = R^2 - 2Rd + d^2 + r^2 \tag{28-1}$$

因为 $R >> d$，略去 d^2 项，得

$$d \approx r^2/(2R) \tag{28-2}$$

两光束的光程差为

$$\Delta = 2d + (\lambda/2) = (r^2/R) + \lambda/2 \tag{28-3}$$

(空气膜下表面反射光有半波损失)。

出现亮环的条件是

$$\left.\begin{aligned} \Delta &= k\lambda \\ r_k &= \sqrt{(2k-1)R\lambda/2} \end{aligned}\right\} \quad k = 1,\ 2,\ \cdots \tag{28-4}$$

出现暗环的条件是

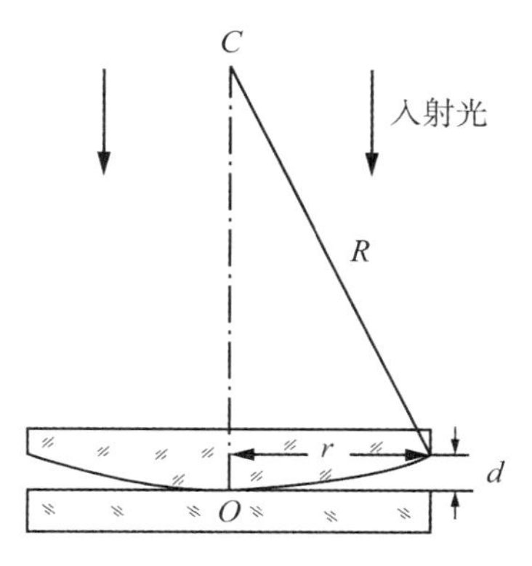

图 28-1　牛顿环光路

$$\left.\begin{aligned}\Delta &= (2k+1)\lambda/2 \\ r_k &= \sqrt{kR\lambda}\end{aligned}\right\} \quad k=0, 1, 2, \cdots \tag{28-5}$$

只测亮环或暗环的半径 r_k 应用以上两式，若已知波长 λ，就可求出 R；若已知 R，就可求出 λ。因为暗环便于观测，所以一般都选用暗环。

平凸透镜与平玻璃板接触处会由于压力而引起弹性形变，尘埃的存在也在所难免，这就会使接触点实际上变成一个不太规则的小圆面，附近的曲率半径也会有所变化，这将给测量带来较大的误差。设由此而引起空气膜的厚度改变了 $\pm\alpha$，则式(28-3) 就变成

$$\Delta = (r^2/R) + (\lambda/2) \pm 2a \tag{28-6}$$

由式(28-5) 知第 k 级暗环的半径 r 满足

$$r_k^2 = kr\lambda \pm 2Ra \tag{28-7}$$

第 $k+m$ 级暗环的半径满足

$$r_{k+m}^2 = (k+m)R\lambda \pm 2Ra \tag{28-8}$$

因而得

$$r_{k+m}^2 - r_k^2 = mR\lambda \tag{28-9}$$

这就消除了接触点因形变和尘埃存在所引起的误差。

但是，由于圆环中心的位置仍难以确定，半径也就难以测量准确，同时，低级次的条纹较粗且较模糊，亦不便测量。为了进一步消除这些影响，我们改为测量距离中心较远的第 k 级和第 $k+m$ 级暗环的直径 d_k 和 d_{k+m}，由式(28-9) 得

$$R = (d_{k+m}^2 - d_k^2)/(4m\lambda) \tag{28-10}$$

四、实验内容及步骤

1. 调整实验装置。

实验装置如图 28-2 所示。由于读数显微镜的孔径很小，在视场范围内可认为光的入射角均为 90°，光源可用面光源代替，不一定要用平行光。

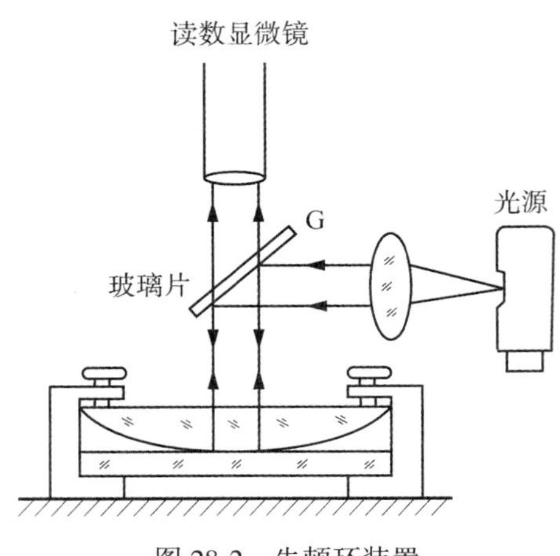

图 28-2　牛顿环装置

(1)轻缓地调节牛顿环装置上的三颗螺丝，直至用肉眼看到在中央部位出现干涉环。

(2)按图 28-2 装置仪器，调整光源的高度和玻璃片 G 的方位，使光束大致垂直地投射到牛顿环上，使读数显微镜中有足够的亮度。

(3)调节读数显微镜，看到干涉环清晰且与叉丝无视差，调节时可先将镜筒下移到接近玻璃片 G，再缓慢地提升，以防显微镜的物镜被玻璃片 G 碰坏。

(4)使条纹中心大致位于读数显微镜移动范围的中心附近。

2. 观察记录牛顿环干涉花样的特点。

3. 测量平凸透镜的曲率半径。

用读数显微镜测量暗环的直径，用式(28-10)求 R。测量时注意如下几点：

(1)条纹级次适当选高一些，多测几组数据，用逐差法进行处理。例如取 $m=10$，分别取 $k=16$、17、18、19、20。

(2)叉丝横线要与移测方向一致。

(3)要防止振动，不要数错条纹级次。

(4)要避免螺距差的影响，应先将叉丝竖线移至选定的最高级次条纹的一侧以外，再倒退至最高级次，然后逐步向中心移测，越过中心后，再逐步向高级次条纹的另一侧移测。

五、实验思考题

1. 调节牛顿环装置上的三颗螺丝时，如果干涉环不在正中心而出现在边缘，对测量有无影响？

2. 光源如果偏高或偏低，玻璃片 G 不成 45°角，对测量有无影响？

3. 用读数显微镜测出的是牛顿环条纹放大像的直径吗？改变读数显微镜的放大倍

数会不会影响测量结果。

4. 为什么干涉环只集中在接触点附近，离接触点远一些为什么就看不到条纹？

5. 在观察牛顿环反射光干涉花样时，偶然会遇到中心为亮斑的情形，你能解释吗？

6. 平凸透镜和光学平板共有四个表面，为什么我们只研究平凸透镜的凸面和光学平板上表面(即空气膜的两个表面)的反射光干涉？

7. 你能准确判定被拆开的牛顿环装置中哪一块是平凸透镜，哪一块是光学平板吗？

8. 如果利用作图法求 R，应如何进行？

实验二十九　不良导体热导率的测量

一、实验目的

1. 观察和认识传热现象和过程，理解傅里叶导热定律；
2. 学习用平板稳态法测量不良导体(橡胶盘)的导热系数并用作图法求冷却速率。

二、实验仪器用具

主仪器、自耦调压器、数字电压表、杜瓦瓶、游标卡尺、电子秒表。

三、实验原理

导热系数(又叫热导率)是反映材料热性能的重要物理量。热传导是热交换的三种(热传导、对流和辐射)基本形式之一，是工程热物理、材料科学、固体物理及能源、环保等各个研究领域的课题。材料的导热机理在很大程度上取决于它的微观结构，热量的传递依靠原子、分子围绕平衡位置的振动以及自由电子的迁移。在金属中电子流起支配作用，在绝缘体和大部分半导体中则以晶格振动为主导作用。因此，某种材料的导热系数不仅与构成材料的物质种类密切相关，还与材料的微观结构、温度、压力及杂质含量有关系。在科学实验和工程设计中，所用材料的导热系数都需要用实验的方法精确测定。测固体材料热导率的实验方法一般分为稳态法和非稳态法两类。

1. 导热系数

1882 年法国科学家傅里叶(J. Fourier)建立了热传导定律，目前各种测量导热系数的方法都是建立在傅里叶热传导定律的基础之上的。当物体内部有温度梯度存在时，就有热量从高温处传递到低温处，这种现象被称为热传导。傅里叶指出，在 $\mathrm{d}t$ 时间内通过 $\mathrm{d}S$ 面积的热量 $\mathrm{d}Q$，正比于物体内的温度梯度，其比例系数是导热系数，即：

$$\frac{\mathrm{d}Q}{\mathrm{d}t}=-\lambda\frac{\mathrm{d}T}{\mathrm{d}x}\mathrm{d}S \tag{29-1}$$

式中，$\frac{\mathrm{d}Q}{\mathrm{d}t}$ 为传热速率，$\frac{\mathrm{d}T}{\mathrm{d}x}$ 是与面积 $\mathrm{d}S$ 相垂直的方向上的温度梯度，“-”号表示热量由高温区域向低温区域传递，λ 是导热系数，表示物体导热能力的大小。在SI中 λ 的单位

是 $W\cdot m^{-1}\cdot K^{-1}$。对各向异性材料，各个方向的导热系数是不同的(常用张量来表示)。

2. 不良导体导热系数的测量

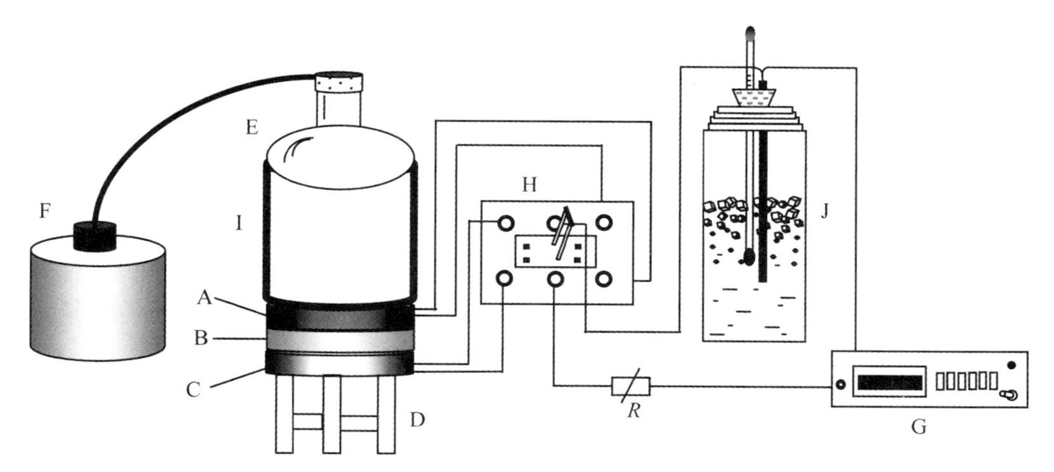

A—传热筒底部(A盘)；B—样品盘(B盘)；C—铜盘(C盘)；D—底座；E—红外灯；F—自耦调压器；G—数字电压表；H—双刀双掷开关；I—保温瓶；J—杜瓦瓶

图 29-1　不良导体导热系数测量装置

样品为一平板，则维持上、下平面有稳定的 T_1 和 T_2(侧面近似绝热)，即稳态时通过样品的传热速率为：

$$\frac{\mathrm{d}Q}{\mathrm{d}t}=\lambda\,\frac{T_1-T_2}{h_B}S_B \tag{29-2}$$

式中，h_B 为样品厚度，$S_B=\pi R_B^2$ 为样品上表面的面积，T_1-T_2 为上、下平面的温度差，λ 为导热系数。

在实验中，要降低侧面散热的影响，就需要减小 h_B。因为待测平板上、下平面的温度 T_1 和 T_2 是用传热圆筒 A 的底部和散热铜盘 C 的温度来代表，所以就必须保证样品与圆筒 A 的底部和铜盘 C 的上表面密切接触。

实验时，在稳定导热的条件下(T_1 和 T_2 值恒定不变)，可以认为通过待测样品盘 B 的传热速率与铜盘 C 向周围环境散热的速率相等。因此可以通过 C 盘在稳定温度 T_2 附近的散热速率$\frac{\mathrm{d}T}{\mathrm{d}t}$，求出样品的传热速率$\frac{\mathrm{d}Q_{传}}{\mathrm{d}t}$。

在读取稳态时的 T_1 和 T_2 之后，拿走样品 B，让 C 盘直接与传热筒 A 底部的下表面接触，加热铜盘 C，使 C 盘温度上升到比 T_2 高 10℃ 左右(即温差电动势升高 0.42mV 左右)，再移去传热筒 A，让铜盘 C 通过外表面直接向环境散热(自然冷却)，每隔一段时间记下相应的温度值，求出 C 盘在 T_2 附近的冷却速率$\frac{\mathrm{d}T}{\mathrm{d}t}$。

对于铜盘 C，在稳态传热时，其散热的外表面积为 $\pi R_C^2+2\pi R_C h_C$，移去传热筒 A

后，C盘的散热外表面积为 $2\pi R_C^2 + 2\pi R_C h_C$，考虑到物体的散热速率与它的散热面积成比例，所以有：

$$\frac{dQ}{dt} = \frac{\pi R_C^2 + 2\pi R_C^2 h_C}{2\pi R_C^2 + 2\pi R_C^2 h_C} \frac{dQ_{传}}{dt} = \frac{R_C + 2h_C}{2R_C + 2h_C} \frac{dQ_{传}}{dt} \tag{29-3}$$

式中，R_C 和 h_C 分别为C盘的半径和高度。

根据比热容的定义，对温度均匀的物体，有：

$$\frac{dQ_{传}}{dt} = mc\frac{dT}{dt} \tag{29-4}$$

对应铜盘C，有：

$$\frac{dQ_{传}}{dt} = m_{铜} c_{铜} \frac{dT}{dt} \tag{29-5}$$

式中，$m_{铜}$ 和 $c_{铜}$ 分别是C盘的质量和比热容，将此式代入式(29-3)中，有：

$$\frac{dQ}{dt} = m_{铜} c_{铜} \frac{R_C + 2h_C}{2R_C + 2h_C} \frac{dT}{dt} \tag{29-6}$$

比较式(29-6)和式(29-2)，便得出导热系数的公式：

$$\lambda = m_{铜} c_{铜} h_B \frac{R_C + 2h_C}{2\pi R_B^2 (R_C + h_C)} \frac{dT}{dt} \tag{29-7}$$

式中，$m_{铜}$、h_B、R_B、h_C、R_C、T_1 和 T_2 都可由实验测量出准确值，本实验所用黄铜盘比热容为370.8J/(kg·℃)。因此，只要求出 $\frac{dT}{dt}$，就可以求出导热系数 λ。

3. 逐差法处理数据

逐差法是为了提高实验数据的利用率，减小随机误差的影响，另外也可减小实验中仪器误差分量，因此是一种常用的数据处理方法。

逐差法是针对自变量等量变化，因变量也做等量变化时，所测得有序数据等间隔相减后取其逐差平均值得到的结果。其优点是充分利用了测量数据，具有对数据取平均的效果，可及时发现差错或数据的分布规律，及时纠正或及时总结数据规律。它也是物理实验中处理数据常用的一种方法。

本实验的数据是每30s记录一次温度值，依次为 T_1，T_2，…，T_n，如果计算平均值，有

$$\overline{\Delta T} = [(T_2 - T_1) + (T_3 - T_2) + \cdots + (T_n - T_{n-1})]/n \tag{29-8}$$

实际上只有 T_n 和 T_1 两个数据起作用，这两个数据如有误差，将严重影响结果的准确性，而其他数据没有被使用，失去了在大量数据中求平均以减小误差的作用。

由误差理论可知，多次测量的算术平均值为最近真值。为避免上述情况，一般在连续测量等间隔数据时，常把数据分成两组，逐次求差再算平均值，这样得到的结果就保持了多次测量的优点。但应注意，只有在连续测量的自变量为等间隔变化，相应两个因变量之差均匀的情况下，才可用逐差法处理数据。

设：本次测量了 $2n$ 次温度值，则 $\overline{\Delta T}$ 为

$$n\,\overline{\Delta T} = \left[\sum_{i=1}^{n}(T_{n+i} - T_i)\right]/n \tag{29-9}$$

这样就很容易计算出$\overline{\Delta T}$。

四、实验内容及步骤

1. 观察和认识传热现象、过程及其规律。

开始实验后，如图 29-2 所示，从实验仪器栏将橡胶盘、电子秒表和游标卡尺拖至实验台上。

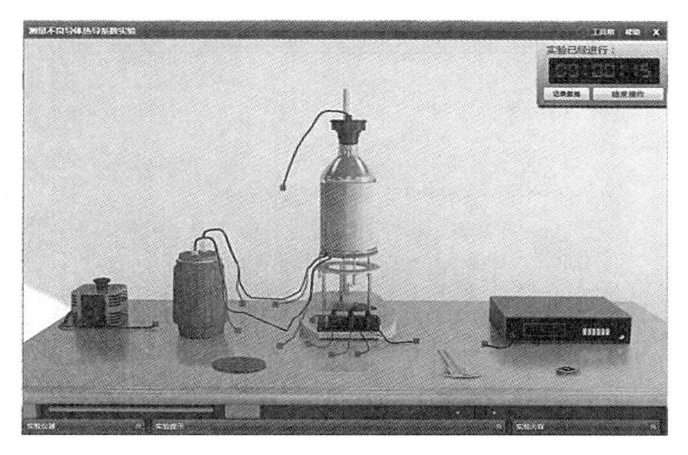

图 29-2　不良导体导热系数测量装置

如图 29-3 所示，用游标卡尺测量铜盘和橡胶盘的直径和厚度，多次测量，并求出平均值。

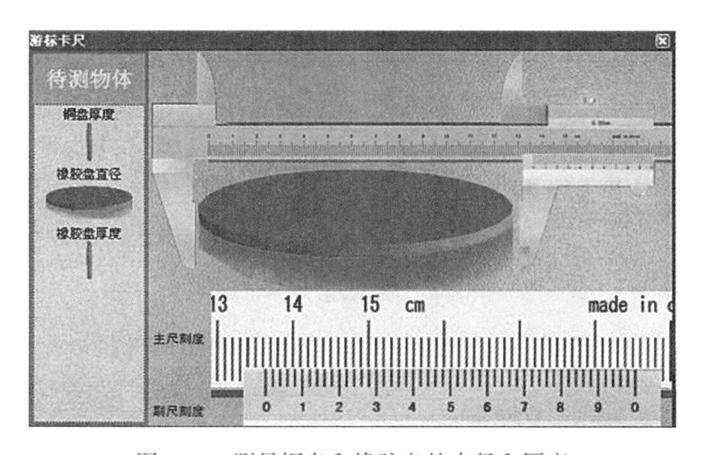

图 29-3　测量铜盘和橡胶盘的直径和厚度

先将橡胶盘从实验仪器栏中拖放到实验桌上。双击打开主仪器窗体，依次移开红外灯、保温桶，再将橡胶盘拖放到散热铜盘上，如图 29-4 所示。

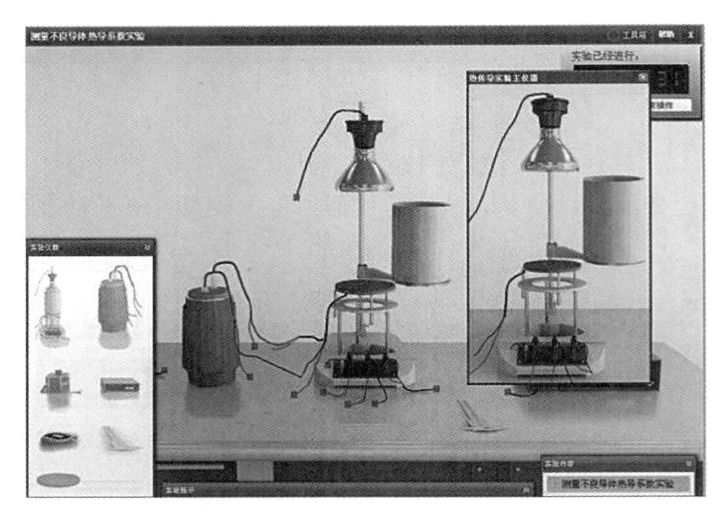

图 29-4　将橡胶盘拖放到散热盘上

参照图 29-5，连接好线路，接通自耦调压器电源，缓慢转动调压旋钮，使红外灯电压逐渐升高，为缩短达到稳定态的时间，可先将红外灯电压升到 200V 左右，大约 5min 之后，再降到 110V 左右，然后每隔一段时间读一次温度值，若 10min 内 T_1 和 T_2 的示值基本不变，则可以认为达到稳定状态。记下稳态时的 T_1 和 T_2 值。

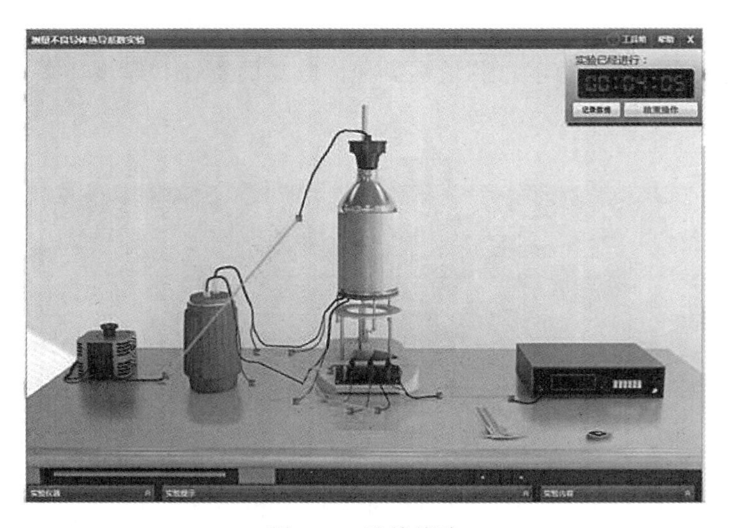

图 29-5　连接线路

如图 29-6 所示，随后移去橡胶盘 B，让散热盘 C 与传热筒 A 的底部直接接触，加热 C 盘，使 C 盘的温度比 T_2 高 10℃左右。

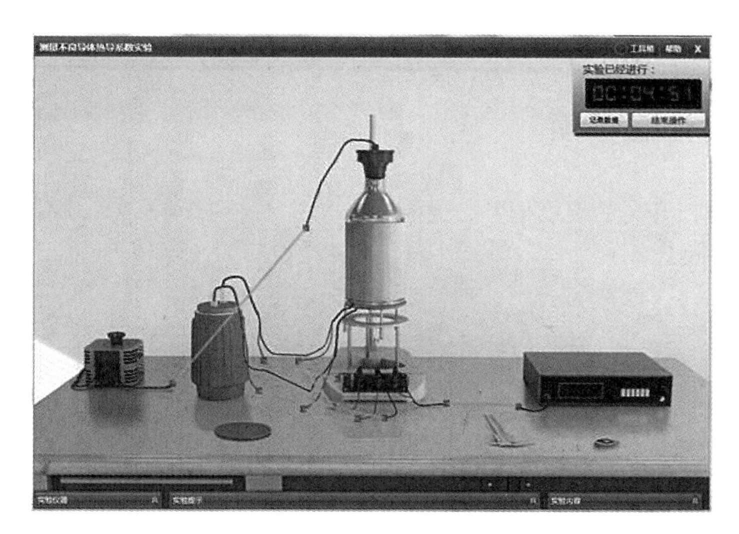

图 29-6　加热散热盘

把调压器调节到零电压，断开电源，移去传热筒 A，参照图 29-7，让 C 盘自然冷却，每隔 30s 记一次温度 T 值，选择最接近 T_2 前后的各 6 个数据，填入表格中。

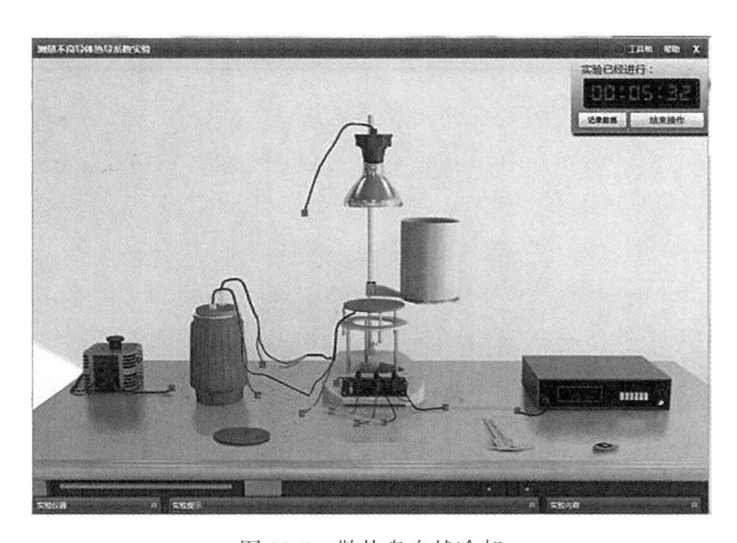

图 29-7　散热盘自然冷却

2. 用逐差法求出铜盘 C 的冷却速率 $\frac{\mathrm{d}T}{\mathrm{d}t}$，并由式(29-7)求出样品的导热系数 λ。

3. 绘出 $T \sim t$ 关系图，用作图法求出冷却速率 $\frac{\mathrm{d}T}{\mathrm{d}t}$。

4. 用方程回归法进行线性拟合，求解冷却速率 $\frac{dT}{dt}$ 及其误差，将结果代入公式中，计算橡胶盘的导热系数 λ。

五、实验注意事项

加热 C 盘时，升高的温度请务必控制在 10℃左右(约 0. 42mV)，不能偏差太大。该操作过程动作要迅速。

实验三十　热敏电阻温度特性设计实验

一、实验目的

1. 了解热敏电阻的电阻-温度特性及测温原理；
2. 熟练掌握惠斯通电桥的原理及使用方法。

二、实验仪器用具

待测热敏电阻和温度计、直流单臂电桥、电压源等。

三、实验原理

热敏电阻是由对温度非常敏感的半导体陶瓷质工作体构成的元件。与一般常用的金属电阻相比，它有大得多的电阻温度系数值。热敏电阻作为温度传感器，具有用料省、成本低、体积小等优点，可以简便灵敏地测量微小温度的变化，在很多科学研究领域有广泛的应用。

1. 半导体热敏电阻的电阻-温度特性

热敏电阻的电阻值与温度的关系为：

$$R = A\mathrm{e}^{B/T} \tag{30-1}$$

式中，A，B 是与半导体材料有关的常数，T 为绝对温度。

电阻温度系数为：

$$\alpha = \frac{1}{R_T}\frac{\mathrm{d}R}{\mathrm{d}T} \tag{30-2}$$

式中，R_T 是在温度为 T 时的电阻值。

2. 惠斯通电桥的工作原理(见实验二十二)

惠斯通电桥的电路如图 22-1 所示。图中的电阻 R_1、R_2 和 R_0 是已知的，R_x 是未知的，R_0 称为桥臂电阻；接有检流计 G 的支路 BD 称为“桥”。接通电源和检流计支路，调节桥臂电阻，能使检流计支路的电流 $I_g = 0$，此时，称电桥处于平衡状态。B、D 两节点的电位相同，因此 $I_1R_1 = I_2R_2$，$I_xR_x = I_0R_0$，而且 $I_1 = I_4$，$I_2 = I_3$，由此可得

$$R_x = \frac{R_2}{R_1}R_0 \tag{30-3}$$

式中，R_1/R_2 称为比例系数，又称为倍率；R_0 称为比较臂，R_x 称为测量臂。式(30-3)称为电桥的平衡条件。电桥灵敏度的定义为：

$$S = \frac{\Delta n}{\Delta R_x/R_x} \tag{30-4}$$

式中，ΔR_x 指的是在电桥平衡后 R_x 的微小改变量，Δn 越大，说明电桥灵敏度越高。

四、实验内容及步骤

1. 根据实验二十二，自行设计一个测量热敏电阻的实验装置并开展实验。

2. 根据测量结果，利用公式 $R = R_\infty e^{B/T}$ 和 $\alpha = \frac{1}{R_T}\frac{dR}{dT}$，分别求取温度 T 趋于无穷时的热敏电阻阻值 R_∞、热敏电阻的材料常数 B 以及 50℃ 时的电阻温度系数 α。

五、实验思考

当温度在一定范围内，电阻值随温度变化而引起的变化非常大。在实验中，如何通过减缓温度的变化来测量电阻值，以减少误差？

参考文献

[1]吴平．大学物理实验教程[M]．北京：机械工业出版社，2005.
[2]王天会．物理实验简明教程[M]．北京：高等教育出版社，2016.
[3]杨述武．普通物理实验(1)——力学、热学部分[M]．北京：高等教育出版社，2015.
[4]杨述武．普通物理实验(2)——电磁学部分[M]．北京：高等教育出版社，2015.
[5]杨述武．普通物理实验(3)——光学部分[M]．北京：高等教育出版社，2015.

附录1　实验报告样例

课程名称 ＿＿＿＿＿＿＿＿ 实验名称 ＿＿＿＿＿＿＿＿ 实验性质＿＿＿＿＿

二级学院、班级＿＿＿＿ 专业＿＿＿＿＿＿＿＿ 实验日期＿＿年＿＿月＿＿日

姓名＿＿＿＿ 学号＿＿＿＿＿＿ 同组人＿＿＿＿＿＿＿ 组别＿＿大组＿＿小组

指导教师 ＿＿＿＿＿＿＿＿ 实验报告成绩：＿＿＿＿＿＿

【实验目的、原理与步骤、实验结论与讨论】

实验目的：测量单摆周期和摆长，求出当地重力加速度值。

实验器材：单摆，计数毫秒仪，米尺，螺旋测微器。

实验原理：由不可伸长的轻绳悬挂钢质小球做单摆运动，测量摆长和周期值，根据公式 $g = 4\pi^2 n^2 l/t^2$ 间接测量得到当地重力加速度。

实验数据分析：

1. 球的直径 d：2.695cm，2.690cm，2.693cm，

   平均值 $\overline{d} = 2.693\text{cm}$，均方差 $s(d) = 0.003\text{cm}$。

2. 摆长 $L = L_0 + d/2$，取 $d = 2.70\text{cm}$，

   L_0：45.60cm，45.59cm，45.63cm，

   平均值 $\overline{l} = 45.60\text{cm}$，均方差 $s(l) = 0.02\text{cm}$，

   平均值均方差 $s(\overline{l}) = 0.02/\sqrt{3} = 0.01\text{cm}$。

3. $n = 20$ 次时的 t 值：26.95s，26.90s，26.93s，

   平均值 $\overline{n} = 26.93\text{s}$，均方差 $s(t) = 0.025\text{s}$，平均值均方差 $s(\overline{t}) = 0.014\text{s}$，

$$\overline{g} = 4 \times 3.14^2 \times \frac{20^2 \times 0.45}{26.93^2} = 9.798 \approx 9.80\ (\text{m/s}^2)$$

摆长的不确定度为 $u_l = \sqrt{u_{lA}^2 + u_{lB}^2} = \sqrt{0.01^2 + 0.05^2} = 0.051\text{cm}$

周期的不确定度为 $u_t = \sqrt{u_{tA}^2 + u_{tB}^2} = \sqrt{0.014^2 + 0^2} = 0.014\text{s}$，计数毫秒仪无B类不确定度。

根据不确定度公式

$$u_g = g\sqrt{(\partial g/\partial l)^2 + (\partial g/\partial t)^2} = g\sqrt{(u_l/l)^2 + (2u_t/t)^2}$$

$$= 9.798\sqrt{(0.051/45.60)^2 + (2 \times 0.014/26.93)^2} = 0.015 \approx 0.02\text{m/s}^2$$

$$g = \bar{g} \pm u_g = (9.80 \pm 0.02)\ \text{m/s}^2$$

实验结论与讨论：略。

附录 2　最小二乘法拟合计算实例

表 1 给出了 Excel 中线性函数最小二乘法拟合计算实例，其中 A 列数据为 x，B 类数据为 y，D 列为计算参数，E 列为计算结果，F 列为有效位数，G 列为修约结果，H 列为实验结果。表 1 中 E、F、G 列的对应计算程序如表 2 至表 4 所示。同时，表 5 给出了截距平均值计算程序注解。

表 1　线性函数 $y=a+bx$ 最小二乘法拟合表格

行数	A 列/数据	B 列/数据	D 列/计算参数	E 列/计算结果	F 列/有效位数	G 列/修约结果	H 列/实验结果
1	5.65	16.9	实验数据个数	6	—	—	—
2	6.08	18.2	斜率平均值 b	3.89279129	3	3.89	$b=3.89\pm0.19$
3	6.4	20.1	截距平均值 a	−5.1812334	2	−5.2	$a=-5.2\pm1.2$
4	6.75	21	相关系数 r	0.99545446	3	1	0.998
5	7.12	22.3	斜率不确定度 S_b	0.18621876	2	0.19	—
6	7.48	24.1	截距不确定度 S_a	1.23067966	2	1.2	—

表 2　线性函数最小二乘法各参数计算程序表(表 1 的 E 列)

序号	参数	计 算 程 序
1	实验数据个数	=COUNTIF(A1:A10001,"<>")
2	斜率平均值 b	=(SUMPRODUCT($A$1:INDIRECT("a"&$E$1),B1:INDIRECT("b"&$E$1))-AVERAGE($A$1:INDIRECT("a"&$E$1))*SUM($B$1:INDIRECT("b"&$E$1)))/(SUMPRODUCT($A$1:INDIRECT("a"&$E$1),$A$1:INDIRECT("a"&$E$1))-2*AVERAGE($A$1:INDIRECT("a"&$E$1))*SUM($A$1:INDIRECT("a"&$E$1))+$E$1*(AVERAGE($A$1:INDIRECT("a"&$E$1)))^2)
3	截距平均值 a	=AVERAGE($B$1:INDIRECT("b"&$E$1))-E2*AVERAGE($A$1:INDIRECT("a"&$E$1))

续表

序号	参数	计算程序
4	相关系数 r	`=(SUMPRODUCT($A$1:INDIRECT("a"&$E$1),$B$1:INDIRECT("b"&$E$1))-AVERAGE($B$1:INDIRECT("b"&$E$1))*SUM(A1:INDIRECT("a"&$E$1))-AVERAGE($A$1:INDIRECT("a"&$E$1))*SUM($B$1:INDIRECT("b"&$E$1))+$E$1*AVERAGE($A$1:INDIRECT("a"&$E$1))*AVERAGE($B$1:INDIRECT("b"&$E$1)))/((SUMPRODUCT($A$1:INDIRECT("a"&$E$1),$A$1:INDIRECT("a"&$E$1))-2*AVERAGE($A$1:INDIRECT("a"&$E$1))*SUM($A$1:INDIRECT("a"&$E$1))+$E$1*(AVERAGE($A$1:INDIRECT("a"&$E$1)))^2)*(SUMPRODUCT($B$1:INDIRECT("b"&$E$1),$B$1:INDIRECT("b"&$E$1))-2*AVERAGE($B$1:INDIRECT("b"&$E$1))*SUM($B$1:INDIRECT("b"&$E$1))+$E$1*(AVERAGE($B$1:INDIRECT("b"&$E$1)))^2))^0.5`
5	斜率不确定度 S_b	`=SQRT((1-$E$4^2)/($E$1-2))*$E$2/$E$4`
6	截距不确定度 S_a	`=(SUMPRODUCT($A$1:INDIRECT("a"&$E$1),$A$1:INDIRECT("a"&$E$1))/$E$3)^0.5*$E$5`

表3　线性函数最小二乘法各参数保留有效位数计算程序(表1的F列)

序号	保留位数	计算公式
1	斜率平均值 b	`=IF(TYPE(FIND(".",$G$5))=1,FIND(".",ABS($E$2))+LEN($G$5)-FIND(".",$G$5)-1,IF(TYPE(FIND(".",ABS($E$2)))=1,FIND(".",ABS($E$2))-1,LEN(ABS($E$2))))`
2	截距平均值 a	`=IF(TYPE(FIND(".",$G$6))=1,FIND(".",ABS($E3))+LEN($G$6)-FIND(".",$G$6)-1,IF(TYPE(FIND(".",ABS($E3)))=1,FIND(".",$E$3)-1,LEN(ABS($E$3))))`
3	相关系数 r	设置为3
4	斜率不确定度 S_b	`=IF(VALUE(MID(TEXT(ABS($E5),"0.00000000000000E+000"),1,1))<=2,2,1)`
5	截距不确定度 S_a	`=IF(VALUE(MID(TEXT(ABS($E6),"0.00000000000000E+000"),1,1))<=2,2,1)`

表 4　线性函数最小二乘法各参数修约计算程序(表 1 的 G 列)

序号	四舍六入修约	计算公式
1	斜率平均值 b	=SIGN($E$2)*(IF(AND(MID(TEXT(ABS($E$2),"0.00000000000000E+000"),$F$2+2,1)="5",MOD(MID(TEXT(ABS($E$2),"0.00000000000000E+000"),$F$2+($F$2>1),1),2)=0),ROUNDDOWN(LEFT(TEXT(ABS($E$2),"0.00000000000000E+000"),16),$F$2-1),ROUND(LEFT(TEXT(ABS($E$2),"0.00000000000000E+000"),16),$F$2-1))&RIGHT(TEXT(ABS($E$2),"0.00000000000000E+000"),5))
2	截距平均值 a	=SIGN($E$3)*(IF(AND(MID(TEXT(ABS($E$3),"0.00000000000000E+000"),$F$3+2,1)="5",MOD(MID(TEXT(ABS($E$3),"0.00000000000000E+000"),$F$3+($F$3>1),1),2)=0),ROUNDDOWN(LEFT(TEXT(ABS($E$3),"0.00000000000000E+000"),16),$F$3-1),ROUND(LEFT(TEXT(ABS($E$3),"0.00000000000000E+000"),16),$F$3-1))&RIGHT(TEXT(ABS($E$3),"0.00000000000000E+000"),5))
3	相关系数 r	=SIGN($E$4)*(IF(AND(MID(TEXT(ABS($E$4),"0.00000000000000E+000"),$F$4+2,1)="5",MOD(MID(TEXT(ABS($E$4),"0.00000000000000E+000"),$F$4+($F$4>1),1),2)=0),ROUNDDOWN(LEFT(TEXT(ABS($E$4),"0.00000000000000E+000"),16),$F$4-1),ROUND(LEFT(TEXT(ABS($E$4),"0.00000000000000E+000"),16),$F$4-1))&RIGHT(TEXT(ABS($E$4),"0.00000000000000E+000"),5))
4	斜率不确定度 S_b	=SIGN($E$5)*(IF(AND(MID(TEXT(ABS($E$5),"0.00000000000000E+000"),$F$5+2,1)="5",MOD(MID(TEXT(ABS($E$5),"0.00000000000000E+000"),$F$5+($F$5>1),1),2)=0),ROUNDDOWN(LEFT(TEXT(ABS($E$5),"0.00000000000000E+000"),16),$F$5-1),ROUND(LEFT(TEXT(ABS($E$5),"0.00000000000000E+000"),16),$F$5-1))&RIGHT(TEXT(ABS($E$5),"0.00000000000000E+000"),5))
5	截距不确定度 S_a	=SIGN($E6)*(IF(AND(MID(TEXT(ABS($E6),"0.00000000000000E+000"),$F6+2,15-$F6)="5"&REPT("0",14-$F6),MOD(MID(TEXT(ABS($E6),"0.00000000000000E+000"),$F6+($F6>1),1),2)=0),ROUNDDOWN(LEFT(TEXT(ABS($E6),"0.00000000000000E+000"),16),$F6-1),ROUND(LEFT(TEXT(ABS($E6),"0.00000000000000E+000"),16),$F6-1))&RIGHT(TEXT(ABS($E6),"0.00000000000000E+000"),5))

表5 线性函数最小二乘法中截距平均值计算程序注解

序号	计算程序	注解
1	SUMPRODUCT($A$1:INDIRECT("a"&$E$1),$B$1:INDIRECT("b"&$E$1))	$\sum x_i y_i$
2	AVERAGE($B$1:INDIRECT("b"&$E$1)) * SUM($A$1:INDIRECT("a"&$E$1))	$\bar{y}\sum x_i$
3	AVERAGE($A$1:INDIRECT("a"&$E$1)) * SUM($B$1:INDIRECT("b"&$E$1))	$\bar{x}\sum x_i$
4	$E$1 * AVERAGE($A$1:INDIRECT("a"&$E$1)) * AVERAGE($B$1:INDIRECT("b"&$E$1))	$nx_i y_i$
5	SUMPRODUCT($A$1:INDIRECT("a"&$E$1),$A$1:INDIRECT("a"&$E$1))	$\sum x_{2i}$
6	2 * AVERAGE($A$1:INDIRECT("a"&$E$1)) * SUM($A$1:INDIRECT("a"&$E$1))	$2\bar{x}\sum x_i$
7	$E$1 * (AVERAGE($A$1:INDIRECT("a"&$E$1)))^2	$n\bar{x}^2$
8	SUMPRODUCT($B$1:INDIRECT("b"&$E$1),$B$1:INDIRECT("b"&$E$1))	$\sum y_i^2$
9	2 * AVERAGE($B$1:INDIRECT("b"&$E$1)) * SUM($B$1:INDIRECT("b"&$E$1))	$2\bar{y}\sum y_i^2$
10	$E$1 * (AVERAGE($B$1:INDIRECT("b"&$E$3)))^2	$n\bar{y}^2$

附录3　学生实验守则

1. 实验室是开展教学实验和科学研究的场所，学生进入实验室必须严格遵守实验室各项规章制度和操作规程，服从实验教师和实验指导教师的管理。

2. 保持实验室内的整洁、安静，不得迟到早退，严禁喧哗、吸烟、吃零食和随地吐痰；如有违反，指导教师有权教育其改正，情节严重者可终止其实验。

3. 实验前必须认真预习，明确实验目的、步骤和方法，了解仪器设备的操作规程和实验物品的特性；认真听取老师讲解，经老师同意后才能进行实验。

4. 实验时认真观察，如实记录各种实验数据，养成独立思考习惯，努力提高自己分析问题和实际动手的能力。实验记录须经实验指导教师签字认可。

5. 爱护实验仪器，节约水、电和实验材料。实验中如发生发现异常情况，应及时向指导教师报告，并采取相应的措施，减少事故造成的损失。发生责任事故应按有关规定进行赔偿处理。

6. 实验结束后，学生应自觉整理好实验仪器设备和各种线材、工具，关闭相应的水源、电源，清洁实验台和仪器设备。

7. 对违反实验室规章制度和实验操作规程造成事故和损失的，视其情节对责任者按相关文件处理。

8. 本守则由指导教师和参加实验的人员共同监督，严格执行。